수학 소녀의 비밀노트

확률의 모험

수학 소녀의 비밀노트
확률의 모험

2023년 12월 30일 1판 1쇄 발행

지은이 | 유키 히로시
옮긴이 | 이진원
펴낸이 | 양승윤

펴낸곳 | (주)와이엘씨
　　　　서울특별시 강남구 강남대로 354 혜천빌딩 15층
　　　　(전화) 555-3200 (팩스) 552-0436

출판등록 | 1987. 12. 8. 제1987-000005호
http://www.ylc21.co.kr

값 17,500원

ISBN 978-89-8401-249-3 04410
ISBN 978-89-8401-240-0 (세트)

• **영림카디널**은 (주)와이엘씨의 출판 브랜드입니다.
• 소중한 기획 및 원고를 이메일 주소(editor@ylc21.co.kr)로 보내주시면,
　출간 검토 후 정성을 다해 만들겠습니다.

수학 소녀의 비밀노트

확률의 모험

유키 히로시 지음
이진원 옮김
전국수학교사모임 감수

영림카디널

고등학교 시절 나는 수학을 어떻게 배웠는지 지난날을 돌아봅니다.

개념을 완전히 이해하고 문제를 해결했는지 아니면 좋은 점수를 받기 위해 문제 풀이 방법만 쫓아다녔는지 말입니다. 지금은 입장이 바뀌어 학생들을 가르치는 선생님이 되었습니다. 수학을 어떻게 가르쳐야 할까? 제대로 개념을 이해시킬 수 있을까? 수학 공부를 어려워하는 학생들에게 이 내용을 이해시키려면 어떻게 해야 할까? 늘 고민합니다.

'수학을 어떻게, 왜 가르쳐야 하는 것일까?'라고 매일 스스로에게 반복해서 질문하며 그에 대한 답을 찾아다닙니다. 그러나 명확한 답을 찾지 못하고 다시 같은 질문을 되풀이하곤 합니다. 좀 더 쉽고 재밌게 수학을 가르쳐보려는 노력을 하는 가운데 이 책, 《수학 소녀의 비밀 노트》시리즈를 만났습니다.

수학은 인류의 역사상 가장 오래전부터 발달해온 학문입니다. 수학은 인류가 물건의 수나 양을 헤아리기 위한 방법을 찾아 시작한 이래 수천 년에 걸쳐 수많은 사람들에 의해 발전해 왔습니다. 그런데 오늘날 수학은 수와 크기를 다루는 학문이라는 말로는 그 의미를 다 담을 수 없는 고도의 추상적인 개념들을 다루고 있습니다. 이렇게 어렵고 복잡한 내용을 담게 된 수학을 이제 막 공부를 시작하는 학생들이나 일반인들이 이해하는 것은 더욱 힘들게 되었습니다. 그래서 더욱 수학을 어떻게 접근해야 쉽게 이해할 수 있을지 더 고민이 필요해졌습니다.

이 책의 등장인물들은 다양하고 어려운 수학 소재를 가지고, 일상에서 대화하듯이 편하게 이야기하고 있어 부담 없이 읽을 수 있습니다. 대화하는 장면이 머릿속에 그려지듯이 아주 흥미롭게 전개되어 기초가 없는 학생이라도 개념을 쉽게 이해할 수 있습니다. 또한 앞서 배웠던 개념을 잊어버려 공부에 어려움을 겪는 학생이어도 그 배운 학습 내용을 다시 친절하게 설명해주기에 걱정하지 않아도 됩니다. 더군다나 수학을 어떻게 쉽게 설명해야 할까 고민하는 선생님들에게 그 해답을 제시해주기도 합니다.

수학은 수와 기호로 표현합니다. 언어가 상호 간 의사소통을 하기 위한 최소한의 도구인 것과 같이 수학 기호는 수학으로 소통하는 사람들의 공통 언어라고 할 수 있습니다. 그러나 수학 기호는 우리가 일상에서 사용하는 언어와 달리 특이한 모양으로 되어 있어 어렵고 부담스럽게 느껴집니다. 이 책은 기호 하나라도 가볍게 넘어가지 않습니다. 새로운 기호를 단순히 '이렇게 나타낸다'가 아니라 쉽고 재미있게 이해할 수 있도록 배경을 충분히 설명하고 있어 전혀 부담스럽지 않습니다.

또한, 수학의 개념도 등장인물들의 자연스러운 대화를 통해 새롭고 흥미롭게 설명해줍니다. 이 책을 다 읽고 난 후 여러분은 자신도 모르게 수학에 대한 자신감이 한층 높아지고 수학에 대한 두려움이 즐거움으로 바뀌게 될지 모릅니다.

수학을 처음 접하는 학생, 수학 공부를 제대로 시작하고 싶지만 걱정이 앞서는 학생, 막연히 수학에 대한 두려움이 있는 학생, 수학 공부를 다시 도전하고 싶은 학생, 혼자서 기초부터 공부하고 싶은 학생, 심지어 수학을 어떻게 쉽고 재밌게 가르칠까 고민하는 선생님에게 이 책을 권합니다.

전국수학교사모임 회장

독자에게

이 책에서는 유리, 테트라, 미르카, 그리고 '나'의 수학 토크가 펼쳐진다.

무슨 이야기인지 이해하기 어려워도, 수식의 의미를 이해하기 어려워도

멈추지 말고 계속 읽어주길 바란다.

그리고 그들이 하는 말을 귀 기울여 들어주길 바란다.

그래야만 여러분도 수학 토크에 함께 참여하는 것이 되니까.

등장인물 소개

나 고등학교 2학년. 수학 토크를 이끌어나간다. 수학, 특히 수식을 좋아한다.

유리 중학교 2학년. '나'의 사촌 동생. 밤색의 말총머리가 특징. 논리적 사고를 좋아한다.

테트라 고등학교 1학년. 수학에 대한 궁금증이 남다르다. 단발머리에 큰 눈이 매력 포인트.

미르카 고등학교 2학년. 수학에 자신이 있는 '수다쟁이 재원'. 검정 생머리에 금테 안경이 특징.

차례

제2장 전체 중에서 얼마일까?

제3장 조건부 확률

제4장 생명과 관련된 확률

제5장 미완의 게임

프롤로그

나는 항상 길의 끝에 서 있다

– 다카무라 코타로 '도정(道程)'

미래는 알 수 없다.

나로서는 미래를 알 수 없다.

무슨 일이 일어날지 모른다.

나는 매일 카드를 뽑는다.

무엇이 나올지는 알 수 없다.

하지만 나는 카드를 뽑는다.

오늘이라는 이름의 카드를 뽑는다.

길이 없어도 나는 나아간다.

알 수 없기 때문에 앞으로 나아간다.

그것이 바로 모험이다.

미지의 모험을 떠나자!

$\frac{1}{2}$ 확률의 수수께끼

"동전을 1번 던졌을 때,
앞면과 뒷면 중 어느 면이 나올까?"

유리 안녕, 오빠. 우리 놀자!

나 유리구나. 항상 기운이 넘치네.

유리 헤헤.

나는 고등학생이고 나를 '오빠'라고 부르는 사촌 동생 유리는 중학생이다. 어려서부터 함께 놀곤 했는데 지금도 쉬는 날이면 항상 우리 집에 놀러 온다.

유리 얼마 전에 TV를 보다가 좀 궁금한 게 생겼어.

나 아, 유리가 궁금한 게 뭘까?

유리 그게 말이야, TV에서

'일어날 확률이 1%이므로,
100번에 1번 일어나게 됩니다!'

이렇게 말하더라고.

나 무엇이 일어날 확률을 말한 거였어?

유리 아, 잊어버렸다. 뭔가 사고였는데.

나 그게 뭐야.

유리 '확률이 1%니까, 100번에 1번 일어난다'라는 말이 이해
　가 안 갔어!

나 유리는 뭐가 마음에 걸린 거지?

내가 슬쩍 물어보자 유리는 속마음을 털어놓았다.

유리 '확률이 1%니까 100번에 1번 일어난다'라고 말할 수 있
　다면, '동전을 2번 던졌을 때 앞면이 나온다'라고 말할 수
　있잖아!

나 잠깐, 뭔가 이야기가 다른 곳으로 튄 것 같은데. 동전을 던
　진다고?

유리 동전을 던져서 앞면이 나올 확률이 $\frac{1}{2}$이잖아?

나 그렇긴 하지. 동전을 던져 앞면이 나올 확률은 $\frac{1}{2}$이야. 확률
　이 0.5라고 해도 좋고, 50%라고 해도 좋지.

유리 그러면 '동전을 2번 던졌을 때 1번은 앞면이 나온다'라고
　말할 수 있잖아. 그게 이상하지 않아?

나 그렇긴 하지. 유리 이야기를 좀 더 자세히 늘어볼까? 재미
　있어 보이네.

유리 동전을 2번 던진다고 꼭 1번 앞면이 나와야 하는 건 아냐!

나 그렇지. 2번 던진다고 1번은 꼭 앞면이란 보장은 없어.

유리 그래, 그렇잖아. 마찬가지로 '확률이 $\frac{1}{2}$이니까 2번 중 1번은 앞면이 나온다'라고 말하는 건 이상해.

나 유리 생각은 충분히 알겠어. 동전을 2번 던졌을 때, 앞면이 1번도 안 나올 때도 있고, 1번 나오거나 2번 나올 때도 있지.

유리 그런데, 생각하다 보니 잘 이해가 안 되더라고. 왜냐하면 동전을 던졌을 때 앞면이 나올지 뒷면이 나올지 어떻게 알아? 정해진 게 아니잖아. 정해질 수가 없는데 어째서 '확률이 $\frac{1}{2}$이다'라고 단정해서 말하는 거야?

나 유리는 확률이 $\frac{1}{2}$이라는 게 무슨 뜻인지 궁금한 거구나?

유리 오빠 말이 맞아!

나 확률이 $\frac{1}{2}$이라는 걸 확실하게 이해하지 못하면 '동전을 던졌을 때 앞면이 나올 확률은 $\frac{1}{2}$이다'라는 표현이 어떤 의미인지 알 수 없어. 그리고 '2번 중 1번은 앞이 나온다'라고 바꿔 말하는 것이 옳은지도 알 수 없지.

유리 바로 그 말이야!

나 내가 잘 설명할 수 있을지 모르겠지만 함께 정리해 보자.

유리 바라는 바입니다!

나 가장 기본적인 내용부터 생각해 보자. 1개의 동전을 1번 던지면 어떻게 될까? 우선, 하나의 동전을 1번 던졌을 때, 앞면과 뒷면 중 어느 한 면이 나온다고 가정해 보자.

● 앞면과 뒷면 중 어느 한 면이 나온다.

유리 그건 알고 있어. 두말하면 잔소리지.

나 '앞면과 뒷면 중 어느 한 면이 나온다'라는 말은 앞과 뒤 이외의 경우는 일어나지 않는다는 뜻이야. 예를 들어, 동전이 굴러가 어디론가 사라지는 일 따위는 생기지 않는다고 가정하는 거지.

유리 그렇구나~.

나 그리고 1개의 동전을 1번 던졌을 때 앞면과 뒷면이 동시에 나오는 경우는 없다고 가정해 보자.

● 앞면과 뒷면이 동시에 나오는 경우는 없다.

유리 하하하! 그건 그래. '앞면과 뒷면이 동시에 나오는' 동전이라니 그게 도대체 뭐야!

나 뭐, 어쨌든. 그리고 또 하나, 1개의 동전을 1번 던졌을 때 앞
면이나 뒷면이나 나올 가능성은 동일하다고 하자.

- 앞면이나 뒷면이나 나올 가능성은 동일하다.

유리 '가능성이 동일'이라….

나 이건 앞면이 유난히 잘 나온다고 할 수도 없고 딱히 뒷면이
잘 나온다고 할 수도 없다는 가정이야.

유리 흐음….

나 지금까지 세 가지 경우를 가정했어. 그러면 1개의 동전을
1번 던졌을 때 '앞면이 나올 확률'을 다음과 같이 정의할 수
있어.

동전을 1번 던졌을 때 앞면이 나올 확률의 정의

1개의 동전을 1번 던졌을 때 다음의 경우를 가정한다.

- 앞면과 뒷면 중 어느 한 면이 나온다.
- 앞면과 뒷면이 동시에 나오는 경우는 없다.
- 앞면이나 뒷면이나 나올 가능성은 동일하다.

이때, 앞면이 나올 확률을

$$\frac{1}{2}$$

로 정의한다.

- $\frac{1}{2}$의 분모 2는 **모든 경우의 수**이다.
- $\frac{1}{2}$의 분자 1은 **앞면이 나오는 경우의 수**이다.

유리 잠깐 기다려봐. 질문! 뭔가 이상해, 오빠.

나 이해가 안 돼? 뭐가 이상한 게 있어?

유리 그러니까….

유리의 표정이 갑자기 심각해졌다.

깊은 생각에 빠진 것 같았다.

나는 유리를 조용히 기다렸다.

나 그러니까…?

유리 이해가 잘 안 돼!

나 유리가 어떤 부분이 이해가 어려운지 말할 수 있겠어?

유리 뭔가 이상해. 있잖아, 그러니까 말이야.

나 응.

유리 동전을 1번 던졌을 때 앞면이 나올 확률이 $\frac{1}{2}$ 이잖아.

나 응, 그렇지.

유리 오빠, 나는 어째서 그 확률이 $\frac{1}{2}$ 인지를 알고 싶어.

나 동전을 1번 던졌을 때 앞면이 나올 확률이 $\frac{1}{2}$ 이 되는 이유를 알고 싶단 말이지?

유리 맞아, 나는 오빠가

- 앞면이 나올 확률은 무슨무슨 정리에 의해 $\frac{1}{2}$ 이 된다.
- 그 정리는 이러이러한 식으로 증명된다.

이렇게 이야기를 시작할 거라고 생각했거든.

나 음, 과연. 유리는 똑똑하구나!

유리 그런데 오빠가 앞에서 정의한 건 좀… 그랬어.

나 그랬다니 무슨 말이야?

유리 앞면이 나올 확률을 $\frac{1}{2}$ 이라고 '정의'했잖아.

나 정의했지.

유리 확률을 $\frac{1}{2}$ 로 그렇게 쉽게 단정해 버리는 건 좀 치사한 것 같아.

나 유리야, 그게 말이야. 앞면이 나올 확률이 $\frac{1}{2}$ 이 되는 이유는 무엇인가? 하는 질문에 대한 답은 그렇게 정의했기 때문인 거야.

유리 '정의했다'라고 말하는 건 '그렇게 정했다'라는 말이잖아. 그렇게 확률을 마음대로 정해도 되는 거야?

나 물론 어디선가는 확률을 정의하겠지. 하지만 '확률이란 이러이러한 것이다'라고 정하지 않으면 수학적 논의를 할 수 없지 않겠어?

유리 뭐야, 그런 말이 아니야! 내가 궁금한 건 확률을 어떻게 정할 수 있느냐는 거야.

나 참, 곤란한 질문인데.

유리의 진지한 표정을 보며 나는 생각했다.

유리가 궁금해 하는 것이 무엇일까?

1-4 확률과 가능성

유리 오빠, 알겠어? 응? 내가 궁금한 게 뭔지 알겠어?

나 재촉하지 마…. 그래도 대충은 알 것 같아.

유리 기대되는 걸.

나 유리는 '확률이라는 것'이 이미 존재한다고 생각하니?

유리 뭐? 당연하지. 그럼, 존재하지 않아?

나 확률은 정의하기 전까지는 존재하지 않아.

유리 정의하기 전까지 존재하지 않다니…?

나 '존재하지 않는다'는 표현은 좀 지나친 것 같지만, 우리 세계에 확률이라는 것이 존재해서 그것을 연구하려는 게 아니야.

유리 무슨 말이야, 오빠! 동전을 던졌을 때 앞면이 나올 가능성이 복권에 당첨될 가능성보다 훨씬 높잖아! 복권에 당첨되는 일은 좀처럼 일어나지 않는 일이라고. 이런 것들이 존재하지 않는다는 거야?

나 유리야. 평소에 우리는 사건이 생길지 안 생길지에 관심이 있지?

유리 있어. 아주 많이.

나 그래서 그 '일어날 가능성'을 연구하고 싶어 하는 것이고.

유리 맞아. 그러면 확률은 존재하는 거잖아!

나 유리야, 잘 들어봐. 우리가 경험하는 '일어날 가능성'은 분명히 있어. 유리가 아까 말했듯이 동전을 던졌을 때 앞면이 나올 가능성은 복권에 당첨될 가능성보다 높아. 우리는 그것을 경험을 통해 알고 있고. 그러니까, 그 '일어날 가능성'을 조사하려는 거야.

유리 '일어날 가능성'….

나 '**일어날 가능성**'을 연구하기 위해 어떤 개념을 정의할지 고민해 보는 건 자연스러운 발상이야. '일어날 가능성'의 높고 낮음을 어떻게 정의할 수 있을까? 어느 쪽이 '일어날 가능성'이 더 높다고 말할 수 있을까? 이를 위해 정의한 개념이 바로 **확률**이야.

유리 '일어날 가능성'과 확률….

나 어때? 좀 이해가 됐어?

유리 그럼 말이야…. '일어날 가능성'과 확률은 다른 거네?

나 맞아! '일어날 가능성'과 확률은 다른 이야기라는 거지.

유리 다른 것이라….

나 '일어날 가능성'과 확률은 달라. 음…, 온기와 온도가 다른 것과 비슷하지.

유리 그런 거군!

나 자연스럽게 온기를 '느끼는 것'과 어느 쪽이 따뜻한가를 확인하기 위해 온도를 '정의하는 것'처럼 말이야.

유리 '일어날 가능성'을 '비교'하거나 어느 쪽이 일어날 가능성이 높은지 확인하기 위해 확률을 '정의'한다는 이야기와 비슷하네.

나 그래, 그런 이야기야. 그게 확률의 첫걸음이지. 확률은 처음부터 존재하는 것이 아니라 정의하는 것이야.

유리 아이고 머리가 빙글빙글 돌아. 그런데 오빠, 잠깐. 이상한 게 있어.

나 무엇이?

유리 확률은 정의하는 것이란 말은 알겠어. 그런데 멋대로 정해도 좋다면 너무 많은 확률이 만들어지지 않을까? 그렇게 막 만들어도 되는 거야?

나 오~, 발상이 기발한데!

유리 잘은 모르겠지만, '제곱이나 세제곱, 삼각함수를 이용해 새로운 확률을 정의했다!'라고.

나 거기에다 확률이란 이름을 붙이는 것은 어색하지만, 정의하는 건 자유니까. '일어날 가능성'을 나타내는 새로운 개념 '유리율'의 탄생이네!

유리 그렇게 했다가는 뒤죽박죽이 되고 말겠어.

나 어차피 제멋대로 정의해서 '유리율'을 만들어도 그것이 편리하지 않으니까 아무도 사용하지 않는 것뿐이야.

유리 치….

나 우리가 알고 있는 '일어날 가능성'을 잘 설명하지 못하면 소용이 없기 때문이지.

유리 참, 그런데 아까 오빠가 말한 확률의 정의는 '일어날 가능성'을 나타내기에 좋은 방법이야?

나 응! 이 확률의 정의는 1개의 동전을 1번만 던질 때는 그다지 도움이 안 되지만 좀 더 복잡한 '일어날 가능성'을 고려할 때는 도움이 돼.

유리 오호라!

나 확률을 정의한다는 의미를 알았으니 아까 하던 얘기로 돌아갈까?

동전을 1번 던졌을 때 앞면이 나올 확률의 정의 (다시)

1개의 동전을 1번 던졌을 때, 다음과 같이 가정한다.

- 앞과 뒤 중 어느 한 면이 나온다.
- 앞면과 뒷면 모두 나올 경우는 없다.
- 앞면과 뒷면이 나올 가능성은 동일하다.

이때, 앞면이 나올 확률을

$$\frac{1}{2}$$

로 정의한다.

- $\frac{1}{2}$의 분모 2는 모든 경우의 수이다.
- $\frac{1}{2}$의 분자 1은 앞면이 나오는 경우의 수이다.

나 여기서는 확률의 정의에 관해 쉽게 설명하기 위해 '앞면'과 '뒷면' 2가지 경우로 한정해서 확률을 정의하고 있어. 그런데 원래는 경우의 수가 N가지 있다고 보고 확률을 정의하는 게 일반적이야. 이런 식으로 말이지.

확률의 정의

일어날 수 있는 경우의 수가 모두 N가지일 때, 다음과 같이 가정한다.

- N가지 중 어느 하나의 경우가 일어난다.
- N가지 중 하나의 경우만 일어난다.
- N가지의 모든 경우는 일어날 가능성이 동일하다.

N가지 전체에서 n가지의 경우가 일어날 확률을

$$\frac{n}{N}$$

로 정의한다.

- $\frac{n}{N}$의 분모 N은 **모든 경우의 수**이다.
- $\frac{n}{N}$의 분자 n은 **주목하고 있는 경우의 수**이다.

유리 주목하고 있는 경우의 수라….

나 이 정의는 어때? N = 2이고 n = 1이라고 하면 동전을 1번 던졌을 때 '앞면이 나올 확률'의 정의가 되는 거야.

유리 글쎄….

나 조금 복잡하게 느껴질 수 있어. 그럼, 다른 예를 들어볼게.

동전이 아니라 주사위의 경우를 생각해 보자.

유리 응, 좋아.

나 주사위를 굴리면 6개의 눈 중 어느 하나가 나올 거야.

$$\overset{1}{\boxed{\cdot}} \quad \overset{2}{\boxed{\because}} \quad \overset{3}{\boxed{\therefore}} \quad \overset{4}{\boxed{\vdots\vdots}} \quad \overset{5}{\boxed{\because\cdot}} \quad \overset{6}{\boxed{\vdots\vdots\vdots}}$$

유리 맞아.

나 주사위 1개를 1번만 던졌을 때 나오는 눈은 이 6개 중 어느 하나겠지.

유리 그래, 어떤 눈이 나올지는 알 수 없지만.

나 그리고 주사위의 모든 눈은 나올 확률이 거의 동일하다고 볼 수 있어. 특별히 $\overset{6}{\boxed{\vdots\vdots\vdots}}$이 잘 나오거나 하는 경우는 없는 거지.

유리 속임수용 주사위라면 모르겠지만 말이야.

나 그렇지.

유리 그래서?

나 이때 확률의 정의에 따라 5가 나올 확률은

$$\frac{1}{6}$$

이 되는 거야. **모든 경우의 수인 6가지 중에서 '⚄가 나올 경우의 수'는 1가지니까. N = 6이고 n = 1인 거지.**

유리 당연한 걸 왜 그렇게 번거롭게 말하는 거야?

나 아무래도 확률의 정의에 적용하려다 보니 어쩔 수가 없네.

$$⚄가\ 나올\ 확률 = \frac{⚄가\ 나올\ 경우의\ 수(1가지)}{모든\ 경우의\ 수(6가지)}$$

$$= \frac{1}{6}$$

이니까.

유리 응. 알았어.

나 그럼 말이야, 주사위를 1번만 던져서 '⚄나 ⚅ 중 어느 한 눈이 나올 확률'은 알겠어?

유리 $\frac{1}{3}$이지.

나 그 이유는?

유리 $\frac{2}{6} = \frac{1}{3}$이니까.

나 맞아, 모든 경우의 수는 6가지이고, '⚄나 ⚅ 중 어느 한 눈이 나올 경우의 수'는 ⚄가 나올 경우와 ⚅이 나올 경우를 합해서 2가지가 있어. 다시 말해, N = 6이고 n = 2야. 그

러니까,

(⚄나⚅ 중 어느 한 눈이 나올 확률)

$$= \frac{⚄나⚅ \text{ 중 어느 한 눈이 나올 경우의 수(2가지)}}{\text{모든 경우의 수(6가지)}}$$

$$= \frac{2}{6}$$

$$= \frac{1}{3}$$

이 구하는 확률이야. 이건 확률의 정의에 구체적인 예를 대
입해 본 거야.

유리 음, 이 정의는 알겠는데 아직 잘 이해가 안 되는 게 있
어….

1-7 아직 이해하지 못하는 유리

나 예를 들어 어느 부분이 이해가 안 돼?

유리 잠깐만, 오빠! 그게 말이야, 그러니까 확률의 정의에 나
온 'N가지 중 어느 하나의 경우가 일어난다'는 것은 동전을
던지면 '앞면과 뒷면 중 어느 한 면이 나온다'라는 뜻이지?

나 그래. 확률의 정의로 세운 가정이야. 그 부분이 걸리니?

유리 아니, 그건 괜찮은데 그다음에 나오는 'N가지 중 하나의 경우만 일어난다'라는 말은 동전을 던지면 '앞면이나 뒷면 중 어느 한 면밖에 나오지 않는다'라는 뜻 아니야?

나 그래 맞아, 그런 의미야. 그 가정도 중요하지.

유리 그렇다면 'N가지의 모든 경우는 일어날 가능성이 동일하다'라는 말은 동전을 던졌을 경우에는 어떻게 되는 거야?

나 '앞면이나 뒷면이나 나올 가능성은 동일하다'라는 가정이 되는 거지. 앞면이 나올 가능성이 특별히 높다고 말할 수도 없고, 뒷면이 나올 가능성이 특별히 높다고도 말할 수 없어. 그런 가정이 되는 거야.

유리 그런 가정이 의미가 있어?

나 의미라니?

유리 의미는 의미지. 이 동전을 던졌을 때는 '앞면이나 뒷면이나 나올 가능성은 동일하다'라고 가정하는 게 의미가 있나 싶어서.

나 질문의 뜻을 모르겠는데.

유리 뭐야 뭐야! 오빠가 알아내야지! 알아맞춰봐!

나 말을 해야 알지, 말을 안 하는데 어떻게 알아.

유리 평소처럼 텔레파시를 사용하면 되잖아!

나 억지 부리지 말고.

나는 생각해 보았다.

대체 유리에게 이해가 안 되는 건 무엇일까?

나 혹시 '일어날 가능성'이라는 말이 걸리는 거니? 확률을 정
    의하는 데 '일어날 가능성'이라는 말을 사용하면 정의가 '순
    환'하지 않을까 하고?

유리 순환한다는 게 무슨 뜻이야?

나 '확률을 정의하는 데 확률을 사용'하게 되는 걸 순환이라
    고 해.

유리 아니, 그게 아니야. 확률과 '일어날 가능성'은 다른 것이
    라며.

나 그건 아니구나…. 아, 그러면, 너는 동전의 앞면과 뒷면 중
    어느 쪽이 나올 가능성이 높은지 알아볼 방법이 없다는 점이
    마음에 걸리는 거야?

유리 맞아, 그거야! 그걸 말하는 거야. '앞면이나 뒷면이나 나
    올 가능성은 동일하다'라고 가정하는 것은 불가능해! 그렇지
    않아? 동전을 던졌을 때 앞면과 뒷면이 나올 가능성이 같다
    고 어떻게 단언할 수 있어? 그건 알아볼 방법이 없지 않아?

나 그렇기 때문에 '가정'을 하는 거야.

유리 앞면과 뒷면이 나올 가능성을 알 수 없는데 그것을 가정한다고?

나 그래. 유리의 의문은 절반 정도 옳다고 할 수 있어. 동전을 던졌을 때 앞면과 뒷면이 나올 가능성이 동일하다는 것을 단언할 수는 없으니까. 하지만 그렇기 때문에 '앞면이나 뒷면이나 나올 가능성은 동일하다'라는 가정을 해 두는 거야.

유리 그러면 그 동전이 만일 '앞면이 나올 가능성이 높은 동전'이라면 어떻게 되는 거야? 문제가 되지 않겠어?

나 가정을 충족하지 못하기 때문에 이 확률의 정의는 적합하지 않을 뿐이야. 다시 말해, '앞면이 나올 가능성이 높은 동전'의 경우에는 앞면이 나올 확률은 $\frac{1}{2}$이라고 할 수 없어. 이상할 것이 없지.

유리 음, 뭔가 속는 느낌이야.

나 그건 네 머릿속에 두 종류의 동전이 섞여 있기 때문일지도 모르겠다.

유리 두 종류의 동전?

나 지금 우리는 '**두 종류의 동전**'을 생각하고 있어. 하나는 **이상적인 동전**. 이상적인 동전은 앞면과 뒷면이 나올 가능성이 동일하다고 확실히 말할 수 있는 동전이지. 따라서 이상적인 동전은 앞면이 나올 확률이 $\frac{1}{2}$이야. 이것은 확률의 정의로 말할 수 있어.

유리 또 다른 동전은?

나 다른 하나는 **현실의 동전**이야. 보통은 앞면과 뒷면이 나올 가능성이 동일하다고 생각하겠지만, 꼭 그렇지만은 않아. 그런 동전이지. 단정할 수는 없지만 앞면과 뒷면 중에 특별히 어느 하나가 나올 가능성이 높을 이유가 없는 동전. 그것이 현실의 동전이야.

유리 이상적인 동전과 현실의 동전이라.

나 확률을 정의할 때는 이상적인 동전을 사용한다고 할 수 있어. 그리고 확률의 정의를 보면 이상적인 동전을 사용했을 때의 조건임을 명확히 하고 있고. 하지만 우리의 눈앞에 있는 동전은 현실의 동전이겠지? 그 현실의 동전이 이상적인 동전과 같은 결과가 나올 거라고 가정한다면⋯, 뭐 이런 식인 거지.

유리 오호, 조금 알 것도 같아. 현실의 동전이 이상적인 동전과 같은 결과가 나올 거라고 가정한다. 하지만 그 가정이 맞는지 아닌지 알 수 없다면 확률을 계산해도 그것이 정답인지 아닌지 알 수가 없잖아!

나 역시 유리는 똑똑하네! 그래. 두 동전이 같은 결과가 나올지 단언할 수 없기 때문이야. 전혀 알 수 없다면 의미가 없지. 하지만 확인할 수는 있어.

유리 단언할 수는 없지만 확인할 수는 있다, 그 말이 이해가 안 돼.

나 다시 이야기하면, 두 동전이 같은 결과가 나올지 단언할 수 없지만 눈앞에 있는 현실의 동전이 이상적인 동전과 같은 결과가 나올지 확인할 수는 있다는 뜻이야.

유리 뭐야! 그걸 알 수 있어?

나 실제로 던져보면 되지.

1-9 확인하기 위해 던져보자

유리 뭐? 뭐야, 원시적인 방법이잖아. 실제로 던져보면 무엇을 알 수 있는데?

나 원시적으로 보일 수는 있지만, 우리가 할 수 있는 방법은 던져보는 것밖에 없으니 너무 그렇게 생각하지 마. 던져보고 앞면이 나오는지를 확인하는 거야. 그렇게 하면….

유리 잠깐, 다시 뒤죽박죽이 됐어! 오빠, 나는 지금 현실의 동전을 던졌을 때 **앞면과 뒷면이 나올 가능성이 동일한지 아닌지** 그 사실을 알고 싶을 뿐이야.

나 그래, 내 말이 그 말이야. 그러니까 던져보고….

유리 기다려 봐, 오빠. 동전을 던졌을 때 무슨 일이 일어날지는 알고 있잖아. 앞면이 나오거나 뒷면이 나오거나 하겠지. 하지만 어느 쪽이 나올지는 알 수 없어. 아무리 주의를 기울여도 무엇이 나올지는 알 수 없어. 그것은 확실해. 이런 방법으로 뭘 할 수 있겠어?

나 있어. 여러 차례 반복해서 던져보고 **앞면이 몇 번 나오는지를 세는 거야.**

유리 아무리 세어봐도 결정되는 건 없을 거야. 앞면이 나올지, 뒷면이 나올지 확실하지 않으니까. 일어날 수도 일어나지 않을 수도 있는 우연인 거지, 확실한 건 아무것도 없어!

나 그렇기는 해. 유리 생각은 잘 알았어. 앞에서도 말했지만 눈앞에 있는 동전에 대해 앞면과 뒷면 특별히 어느 쪽이 나올 가능성이 높다고 꼭 집어 말할 수는 없어. 하지만 어느 쪽이든 나올 가능성이 동일하다는 정도는 판단할 수 있어.

유리 음….

나 이야기를 정리해 보자. '앞면이 몇 번 나왔는지를 센다'라는 표현을 좀 더 구체적으로 말하면 다음과 같아.

동전을 반복해서 던지며 앞면이 나오는 횟수를 센다.

동전을 던지는 횟수를 양의 정수 M으로 나타낸다.
동전을 M번 던진다.
M번 중에 앞이 나온 횟수를 m으로 나타낸다.

유리 아니 아니, 내 눈은 못 속여.

나 무슨 소리야.

유리 속지 않을 거야. M이란 문자를 사용해도 실제로는 수잖아? 양의 정수니까 M = 1이거나 M = 123이거나 M = 10,000일 수 있겠지? 이야기는 달라질 것이 없어!

나 유리 말이 맞아. 이야기는 변하는 게 없어. 하지만, M이나 m처럼 문자를 사용하면 말하고 싶은 것을 간결하게 나타낼 수 있어.

유리 그런가?

나 예를 들어, 동전을 2번 던지는 경우는 M = 2로 간결하게 나타낼 수 있겠지?

유리 음….

1-10 동전을 2번 던지는 경우

나 동전을 던지는 횟수를 M으로, 앞면이 나오는 횟수를 m으로 나타내 보자. M = 2일 때 다음의 4가지 경우 중 어느 하나가 발생하게 될 거야.

- 첫 번째에 '뒷면'이 나오고 두 번째도 '뒷면'
  다시 말해, 앞면이 0번 나온다 (m = 0)
- 첫 번째에 '뒷면'이 나오고 두 번째는 '앞면'
  다시 말해, 앞면이 1번 나온다 (m = 1)
- 첫 번째에 '앞면'이 나오고 두 번째도 '앞면'
  다시 말해, 앞면이 2번 나온다 (m = 2)

유리 응, 꽤나 귀찮긴 하네.

나 그렇지. 앞면과 뒷면이 나오는 경우를 비교해서 간단히 나

타내 보자. M = 2일 때, 다음의 4가지 중 어느 하나가 발생
하게 돼.

- 뒤뒤 (m = 0)
- 뒤앞 (m = 1)
- 앞뒤 (m = 1)
- 앞앞 (m = 2)

유리 맞아, 맞아.

1-11 동전을 3번 던지는 경우

나 동전을 3번 던지는 경우, 다시 말해 M = 3일 때는 다음의 8
가지 중 어느 하나가 나오게 돼.

- 뒤뒤뒤 (m = 0)
- 뒤뒤앞 (m = 1)
- 뒤앞뒤 (m = 1)
- 뒤앞앞 (m = 2)

- 앞뒤뒤 (m = 1)
- 앞뒤앞 (m = 2)
- 앞앞뒤 (m = 2)
- 앞앞앞 (m = 3)

유리 그렇군, M = 3이면 8가지 경우가 생기네.

나 그렇지. 앞면이나 뒷면이 나오는 2가지 경우가 매번 나오기 때문에 3번 던지면

$$\underbrace{2 \times 2 \times 2}_{3번} = 8$$

이 계산에 따라 8가지 경우가 나오는 것을 알 수 있어.

유리 응, 그리고?

1-12 동전을 4번 던지는 경우

나 동전을 4번 던지면, 다시 말해 M = 4라면 이렇게 나타낼 수 있어.

- 뒤뒤뒤뒤 (m = 0)

- 뒤뒤뒤앞 (m = 1)

- 뒤뒤앞뒤 (m = 1)

- 뒤뒤앞앞 (m = 2)

- 뒤앞뒤뒤 (m = 1)

- 뒤앞뒤앞 (m = 2)

- 뒤앞앞뒤 (m = 2)

- 뒤앞앞앞 (m = 3)

- 앞뒤뒤뒤 (m = 1)

- 앞뒤뒤앞 (m = 2)

- 앞뒤앞뒤 (m = 2)

- 앞뒤앞앞 (m = 3)

- 앞앞뒤뒤 (m = 2)

- 앞앞뒤앞 (m = 3)

- 앞앞앞뒤 (m = 3)

- 앞앞앞앞 (m = 4)

유리 오빠, 오빠. 이것 말이야, M이 커지니까 경우의 수가 엄청나게 증가하지 않아?

나 맞아. M번 던진다면,

$$\underbrace{2 \times 2 \times \cdots \times 2}_{M\text{번}} = 2^M$$

이런 계산에 따라 앞면과 뒷면이 나오는 패턴이 '2^M가지'가 된다는 걸 알 수 있어. 그리고 모든 경우를 적다 보면 M이 커지고, 경우의 수는 폭발적으로 증가하게 되지. 그러니까 표현 방법을 잘 생각해 보자. '앞면이 몇 번 나올까?'에 주목해서 그 패턴을 세는 거야.

유리 패턴을 센다고?

1-13 패턴을 센다

나 예를 들어, m = 4가 되는 패턴은 앞앞앞앞 1가지밖에 없어. 그런데 m = 3이 되는 패턴은 뒤앞앞앞, 앞뒤앞앞, 앞앞뒤앞, 앞앞앞뒤 모두 4가지야. M = 4일 때, 다음과 같이 정리할 수 있어.

● m = 0이 되는 패턴은 1가지.

◎ 뒤뒤뒤뒤 (m = 0)

- m = 1이 되는 패턴은 4가지.

  ◎ 뒤뒤뒤앞 (m = 1)

  ◎ 뒤뒤앞뒤 (m = 1)

  ◎ 뒤앞뒤뒤 (m = 1)

  ◎ 앞뒤뒤뒤 (m = 1)

- m = 2가 되는 패턴은 6가지.

  ◎ 뒤뒤앞앞 (m = 2)

  ◎ 뒤앞뒤앞 (m = 2)

  ◎ 뒤앞앞뒤 (m = 2)

  ◎ 앞뒤뒤앞 (m = 2)

  ◎ 앞뒤앞뒤 (m = 2)

  ◎ 앞앞뒤뒤 (m = 2)

- m = 3이 되는 패턴은 4가지.

  ◎ 뒤앞앞앞 (m = 3)

  ◎ 앞뒤앞앞 (m = 3)

  ◎ 뒤앞뒤앞 (m = 3)

  ◎ 앞앞앞뒤 (m = 3)

- m = 4가 되는 패턴은 1가지.

  ◎ 앞앞앞앞 (m = 4)

유리 과연.

나 유리야, 이 수 어디서 본 적 있지 않아?

- m = 0이 되는 패턴은 1가지.
- m = 1이 되는 패턴은 4가지.
- m = 2가 되는 패턴은 6가지.
- m = 3이 되는 패턴은 4가지.
- m = 4가 되는 패턴은 1가지.

유리 1, 4, 6, 4, 1이라···, 아! 이건 **파스칼의 삼각형**에 나오는 수잖아!

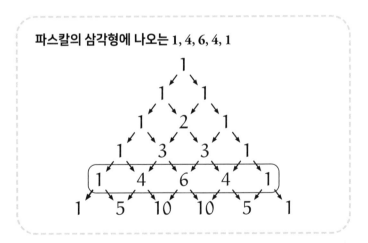

파스칼의 삼각형에 나오는 1, 4, 6, 4, 1

나 그래 맞아! 잘 알고 있네.

유리 그런데, 이거 우연이야?

나 아니, 우연이 아니야. '파스칼의 삼각형 만들기'를 생각하면
알 수 있어. 파스칼의 삼각형은 왼쪽 위의 수와 오른쪽 위의
수를 서로 더해서 만들어 나가니까.

유리 그게 패턴의 수가 되는 거야?

나 왼쪽 밑으로 진행하는 화살표에 '앞'이라 적고 오른쪽 밑으
로 진행하는 화살표에 '뒤'라고 적어보자.

파스칼의 삼각형과 경우의 수

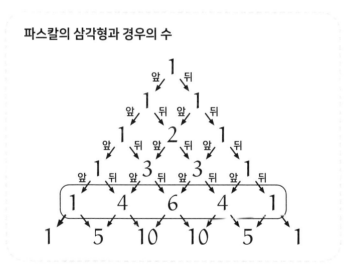

유리 음, 그러니까….

나 그러면 이렇게 동전을 4번 던졌을 경우 앞뒤 패턴은 맨 위에서부터 4번째 화살표가 있는 위치에 해당된다는 걸 알 수 있어. 예를 들어, 앞이 3번, 뒤가 1번인 패턴이라면 다음의 4가지 길이 있지.

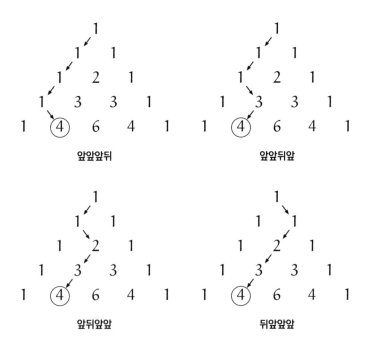

유리 아하!

나 파스칼의 삼각형에 나오는 수는 그곳에 이르는 길이 몇 가

지인지를 나타내고 있어. 그리고 그 길은 정확히 동전의 앞
뒤 패턴의 수와 들어맞아.

유리 동전을 던져 앞이 나오면 왼쪽 밑으로 진행하고 뒤가 나오
면 오른쪽 밑으로 진행한다고 생각할 수 있겠네.

나 그렇지.

유리 재미있네!

1-14 패턴은 몇 가지

나 일단 파스칼의 삼각형은 그대로 두고 원래 이야기로 돌아
가자.

유리 무슨 얘기를 하고 있었더라?

나 '현실의 동전'에서 앞면과 뒷면이 나올 가능성은 동일한가,
아닌가를 알아보는 이야기였잖아.

유리 아, 맞아.

나 '이 동전은 앞과 뒤가 나올 가능성이 동일하다'라고 일일이
말하는 대신 이 동전은 '공정하다'라고 말하자.

유리 뭐?

나 **영어로는 'fair'**라고도 해. 던질 때마다 항상 앞면과 뒷면이

나올 가능성이 동일할 때, 공정한 동전이라고 부르자.

공정한 동전

앞면과 뒷면이 나올 가능성이 항상 동일한 동전을 '공정한 동전'이라 한다. 불공정하지 않은 동전이라고도 한다.

유리 그 동전은 속임수가 없다는 말이네.

나 그렇지. 이상적인 동전은 공정하지. 그럼, 현실의 동전은 공정하다고 볼 수 있을까? 우리는 눈앞에 있는 현실의 동전을 공정하다고 볼 수 있을지 알아보고 싶어. 그러기 위해서 동전을 4번 던졌을 때의 패턴 수를 주의해서 살펴보자.

$m = 4$일 때, 모든 패턴은 16가지이며, 그중에서……

● $m = 4$가 되는 패턴은 1가지

● $m = 3$이 되는 패턴은 4가지

● $m = 2$가 되는 패턴은 6가지

● $m = 1$이 되는 패턴은 4가지

● $m = 0$이 되는 패턴은 1가지

유리 응, 좋아. 4번을 던지면 앞뒤의 패턴은,

$$\underbrace{2 \times 2 \times 2 \times 2}_{4번} = 16$$

으로, 모두 16가지야. 그래서?

나 앞면이 나올 때마다 패턴이 몇 가지인가 하는 경우의 수를
그래프로 나타내 보자. 히스토그램(Histogram)이지.

유리 응?

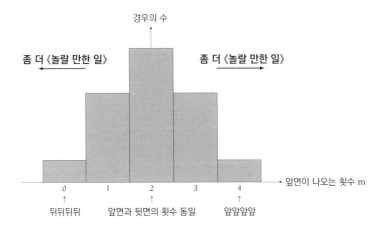

나 4번 던져 모두 앞면이 나왔다고 하자. M = 4이고 m = 4인
경우지. 이 히스토그램에 따르면 앞면이 4번 나왔을 때, 앞
면과 뒷면의 횟수가 같은 2번에 비해 오른쪽으로 많이 벗어
나게 돼. 만일 그 동전이 공정하다면 꽤 놀라운 일이 일어났

다고 할 수 있어.

유리 응. 하지만, '앞앞앞앞'이 나오는 경우도 있을 거야. 절대로 안 일어나는 것은 아니야.

나 그렇지. 안 일어날 리가 없어. 그러니까 M이 클 때를 생각해 보자. 동전을 던지는 횟수를 늘리는 거야.

유리 M = 10이라거나?

나 응, 예를 들면 그렇지. 10번 던졌을 때 모두 앞면이 나왔다고 하자. M = 10이고 m = 10이지. 이것은

$$\underbrace{2 \times 2 \times 2 \times 2 \times 2 \times 2 \times 2 \times 2 \times 2 \times 2}_{10번} = 1024$$

가 되고, 모두 1,024가지가 있어. 히스토그램을 그리면 이렇게 돼.

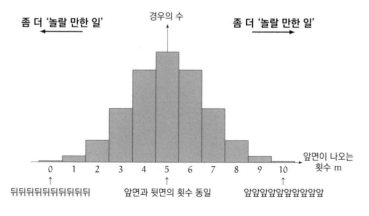

유리 잠깐만 기다려봐.

나 알았어. 왜?

유리 M이 엄청나게 클 때, 모두 앞면이 나오면 놀라운 일이 일어난 거니까 그 동전은 공정하지 않다고 말하는 거야?

나 대충은 그런 얘기야. 모두 앞면이 아니어도 괜찮아. 이 히스토그램에서 말하자면 앞면이 나올 횟수가 5에서 크게 벗어나면 벗어날수록 '더 놀라운 일이 일어났다'라는 이야기지.

유리 음음!

나 현실의 동전에 대해 '그 동전은 공정하지 않다'라고 단정해서 말할 수는 없어. 하지만 '만일 그 동전이 공정하다면 매우 놀라운 일이 일어났다'라고는 말할 수 있어.

유리 후후. 탐정 같은데!

1-15 상대도수의 정의

나 지금까지는 이해하기 쉽게 '모두 잎면이 나왔다'라고 설명했지만 '던진 횟수 중 앞면이 몇 번 나왔나?'라는 비율에 주목해 보자.

유리 비율?

나 '던진 횟수' 중 '앞면이 몇 번 나왔나?'를 비율로 나타내는 거야. 구체적으로는

$$\frac{m}{M}$$

이란 분수로 나타낼 수 있는 수를 생각할 수 있어.

유리 아, 확률이네.

나 아니야, 달라.

유리 응?

나 달라. $\frac{m}{M}$ 은 확률이 아니야.

유리 확률이 아니라면 뭐야?

나 $\frac{m}{M}$ 은 **상대도수**야. 확률과 상대도수는 다른 거야.

상대도수의 정의

동전을 M번 던져 '앞면'이 나온 횟수를 m이라고 할 때,

$$\frac{m}{M}$$

의 값을 '앞면'이 나온 **상대도수**라고 한다.

유리 확률과 같은 분수 형태잖아!

나 아니, 분수 형태라고 해서 똑같다고 생각하면 안 돼. **확률과**

상대도수는 달라. 왜냐하면, 분모와 분자가 나타내는 것이 전혀 다르니까. 확률의 정의를 생각해봐.

확률의 정의 (다시)

일어날 수 있는 경우의 수가 모두 N가지일 때, 다음과 같이 가정한다.

- N가지 중 어느 하나의 경우가 일어난다.
- N가지 중 하나의 경우만 일어난다.
- N가지의 모든 경우는 일어날 가능성이 동일하다.

전체 N가지 중에서 n가지의 경우가 일어날 확률을

$$\frac{n}{N}$$

으로 정의한다.

- $\frac{n}{N}$의 분모 N은 **모든 경우의 수**이다.
- $\frac{n}{N}$의 분자 n은 **주목하고 있는 경우의 수**이다.

유리 음….

유리의 표정이 갑자기 심각해졌다.

나는 유리를 조용히 기다렸다.

이 부분은 시간을 들여 생각해 볼 가치가 있다.

나 역시도 상대도수와 확률을 혼동했던 때가 있었기 때문에 유리의 고민을 이해한다.

유리 오빠….

나 응.

유리 그러면…, 상대도수는 실제로 해보면 알 수 있어?

나 그럼. 실제로 현실의 동전을 던져보면 앞면이 나오는 상대도수를 구할 수 있어.

유리 M번 던져 보고, 앞면이 m번 나오면 $\frac{m}{M}$을 계산하면 되는 거야?

나 그렇지. 앞면이 나오는 상대도수는 그렇게 구할 수 있어. 2번 던져서 앞면이 1번 나오면 상대도수는 $\frac{1}{2}$이 돼.

유리 만일 2번 던져 2번 모두 앞면이 나오면 상대도수는 1이지?

나 그래. M = 2이고 m = 2가 되니까 상대도수는 $\frac{m}{M} = \frac{2}{2} = 1$이지.

유리 확률은 정의하고 결정하는 것이지만 상대도수는 실제로 던져서 알아보는 거야?

나 그렇다고 할 수 있지.

유리 그렇다면 확률과 상대도수가 다르다는 건 이해했어. 하지만 서로 관계가 없다고 하긴 어려워 보이는데.

나 맞아. 유리 말대로 확률과 상대도수는 관계가 아예 없다고 할 수는 없지. 두 종류의 동전으로 비교해서 생각해 보자.

유리 이상적인 동전과 현실의 동전?

나 그래. **이상적인 동전은 공정해.** 따라서 이상적 동전은 앞면이 나올 **확률**이 $\frac{1}{2}$이야. 이것은 확률의 정의로 말할 수 있어.

유리 음.

나 **현실의 동전은 꼭 공정하다고 단정할 수 없어.** 하지만 공정한 지를 알아보기 위해서는 여러 번 던져야 하지. 그리고 앞면이 몇 번 나왔는지 세는 거야. 다시 말해, M번 던져 m을 구하고, **상대도수인** $\frac{m}{M}$이 어떻게 될지 알아보는 거지.

유리 아하!

나 M을 매우 크게 해서 앞면이 나오는 상대도수 $\frac{m}{M}$의 값을 확인해 보자. 앞면이 나오는 상대도수, 즉 동전을 던진 횟수 중 앞면이 나오는 비율은 던지는 횟수가 커지면 커질수록 앞면이 나오는 '확률'에 가까워져. 따라서 상대도수는 현실의 동전이 공정한지 판단하는 데 사용할 수 있어. 그것을 위한 절차는 연구가 진행되고 있고 **가설검정**이라 불러.

유리 음, 좀 이해가 안 가.

나 어떤 부분이 그렇지?

유리 잠깐만, 무슨 말인지 명확하게 이해되지 않아.

나 알았어. 기다릴게.

유리는 깊은 생각에 빠졌다.

1-16 앞면이 10번 나온 다음에는 뒷면이 나올 가능성이 높을까?

유리 앞면과 뒷면이 나올 가능성이 동일한 동전이 있다고 하자.

나 좋아. 공정한 동전이란 말이지.

유리 공정한 동전에서 M을 크게 하면 $\frac{m}{M}$은 $\frac{1}{2}$에 가까워져?

나 그래. 던지는 횟수 M이 크면 $\frac{m}{M}$은 $\frac{1}{2}$에 가까워진다고 할 수 있지.

유리 공정한 동전을 던진다고 해도 처음부터 10번 연속해서 앞면이 나올 수 있지?

나 응, 물론이지. 그럴 수 있어.

유리 10번 연속해서 앞면이 나왔을 때, 그다음은 앞면이 나올까 뒷면이 나올까?

앞→앞→앞→앞→앞→앞→앞→앞→앞→앞→?

나 10번 연속해서 앞면이 나왔어도 11번째 무엇이 나올지는 알 수 없어. 앞면이 나올 수도 있고 뒷면이 나올 수도 있어. 공정한 동전이니까 어느 쪽이든 나올 가능성은 동일하지.

유리 질문! 그게 이상해!

나 어? 이상한 부분이 있어?

유리 10번 던져서 10번 앞면이 나왔다면 상대도수가 1이잖아?

나 그렇지. 10번 던졌으니까 $M = 10$이고 그중에 10번 앞면이 나왔다면 $m = 10$이 되지. 그러니까 앞면이 나온 상대도수는 그 시점에서

$$\frac{m}{M} = \frac{10}{10} = 1$$

이 돼. 상대도수는 1이야.

유리 그런데 M이 커지면 $\frac{m}{M}$은 $\frac{1}{2}$에 가까워지잖아.

나 그 말도 맞아.

유리 그런데 11번째에 앞면과 뒷면이 나올 가능성이 동일하다고?

나 응, 그래. 뭐가 마음에 걸리니?

유리 그게 말이야, 상대도수가 1에서 $\frac{1}{2}$에 가까워지기 위해서
는 뒷면이 나올 가능성이 높아야 하지 않아?

나 아아, 그 말이구나.

유리 그렇잖아. 앞면이 10번이나 나왔으니까 그다음은 뒷면이
많이 나와야 균형이 맞잖아. 그렇지 않으면 상대도수가 $\frac{1}{2}$에
가까워지지 않아. 상대도수가 $\frac{1}{2}$에 가까워진다는 말은 앞면
과 뒷면이 나올 가능성이 거의 같다는 거니까. 그러니까 앞
면이 나온 다음에는 뒷면이 나올 가능성이 높지!

나 유리의 질문을 정리해 볼게.

유리의 질문

공정한 동전이 앞면이 10번 계속 나온 다음에는 뒷면이 나
올 가능성이 높아야만 한다. 왜냐하면, 뒷면이 나올 가능
성이 높지 않으면 동전을 계속해서 던져도 상대도수는 $\frac{1}{2}$
에 가까워지지 않기 때문이다.

유리 바로 그거야!

나 유리가 궁금한 부분은 잘 알겠어. 하지만 애초에 '앞면이
10번 계속 나온 다음에는 뒷면이 나올 가능성이 높다'고 생

각하는 건 말이 안 돼. 왜냐하면 **동전에는 기억장치가 달려 있지 않으니까.**

유리 동전에는, 기억장치가, 달려 있지 않다…라고?

나 동전에는 컴퓨터 메모리나 우리 인간의 뇌 같은 기억장치가 없다는 거지. 그러니까 과거에 앞면과 뒷면이 몇 번 나왔는지에 대해서 동전은 기억할 수 없다는 뜻이야. 기억을 못하니까 과거에 나온 앞면과 뒷면을 고려해서 다음에 무엇이 나올지를 결정할 수 없어. 그렇지 않겠어?

유리 분명히 동전에는 기억장치가 달려 있지 않아…. 하지만, 그래도 말이야 오빠! 그렇다면 상대도수가 $\frac{1}{2}$에 가까워진다고 말하면 안 돼!

나 왜 그렇게 생각하지?

유리 앞에서 말했잖아! 앞면과 뒷면이 균형을 이루어야만 한다고! 10번 던져서 앞면이 10번 나왔다면 뒷면이 나올 가능성은 0이잖아. 그다음에 뒷면이 많이 나오지 않으면 앞면이 훨씬 많은 상태가 돼. 뒷면이 많이 나오기 위해서는 아주 조금이라도 뒷면이 나올 가능성이 높아야 하잖아!

나 하지만 그렇지 않아.

유리 뭐야, 대체 그 논리는. 이해가 안 돼. 앞면과 뒷면이 나올 가능성이 동일하다고 해놓고 앞면이 10번이나 많은데 어떻게 균형을 맞춰? 말이 안 돼!

나 '엄청나게 큰 수'가 균형을 맞춰줄 거야.

유리 뭐?

나 유리가 생각하는 '균형이 맞다'라는 뜻은, 예를 들어 앞면이 계속해서 10번 나온 다음에는 뒷면도 10번이 나와야 한다는 것이지?

유리 응, 예를 들면 그렇지.

나 그건 앞면이 10번 연속으로 나온 다음에 나머지 10번으로 균형을 맞추려 했기 때문이야. 확실히 나머지 10번으로 상대도수가 $\frac{1}{2}$에 가까워지려면 뒷면이 많이 나와야만 해.

유리 그렇지….

나 하지만 '공정한 동전을 던졌을 때 M이 커지면 상대도수가 $\frac{1}{2}$에 가까워진다'라는 건, 그렇게 작은 수의 계산을 고려한 게 아니야. M은 몇백억, 몇천억에 달하는 훨씬 큰 수를 이야기하고 있는 거야.

유리 음…, 그렇다고 해도 처음 10번 연속해서 앞면이 나오고 그다음 계속 앞면과 뒷면이 나올 가능성이 동일하다면 여전히 앞면이 많은 상태잖아! 몇천억 번을 던진다고 해도 말이야!

나 그렇지. 앞면과 뒷면이 나온 횟수의 차(差)를 생각하면 앞면이 조금 더 많이 나온 상태로 동전을 던지게 될 거야. 예를 들어 10번 계속해서 앞면이 나온 다음 10,000번 던져보자. 그리고 앞면과 뒷면이 동일한 횟수, 다시 말해 5,000번씩 나왔다고 하자. 그러면 결국 10,010번 던져 앞면이 5,010번, 뒷면은 5,000번 나온 것이 돼. 이때 '차'는 10이야.

앞면과 뒷면이 나온 횟수의 '차'를 생각한다

10번 던졌는데 10번 모두 앞면이 나왔다.

그다음 10,000번을 던졌는데 절반인 5,000번이 앞면이었다.

- 앞면이 나온 횟수는 10 + 5000 = 5,010번이 된다.
- 뒷면이 나온 횟수는 5,000번이 된다.

앞면이 나온 횟수 − 뒷면이 나온 횟수 = 5,010 − 5,000 = 10

유리 그것 봐. 역시 앞면 쪽이 10번 많은 상태잖아!

하지만 상대도수에서 생각하는 것은 '차'가 아니야. 던진 횟수에 대해서 앞면이 나온 횟수의 비율, 다시 말해 '차'가 아니라 비(比)지. 이 경우, 던진 횟수가 많아지면 많아질수록

'앞면이 10번 많다'라는 편차는 던진 횟수에 비해 상대적으로 작아지게 돼. 10,010번 던져 앞면이 5,010번 나왔다면 상대도수 $\frac{m}{M}$은 0.5에 거의 가까워지게 되는 거야.

던진 횟수에 대해 앞면이 나온 횟수의 '비'를 생각한다

10번 던졌는데 10번 모두 앞면이 나왔다.

그다음 10,000번 던졌는데 절반인 5,000번이 앞면이었다.

- 던진 횟수는 10 + 10,000 = 10,010번이 된다.
- 앞면이 나온 횟수는 10 + 5,000 = 5,010번이 된다.

$$상대도수 = \frac{앞면이\ 나온\ 횟수}{던진\ 횟수} = \frac{5,010}{10,010} = 0.5004995\cdots$$

유리 어머! '차'와 '비'의 차이로 이해하면 되는구나!

나 지금은 10,010이지만 좀 더 큰 수로 생각해도 좋아.

유리 응응, 이제 알겠어. 불균형이 생겨도 그건 큰 수에서는 거의 의미가 없는 거야!

나 맞아, 그거야!

유리 '2번 중 1번 앞면이 나온다'라는 말이 의외로 어렵네.

나 그래. 앞면이 나올 확률이 $\frac{1}{2}$인 동전을 2번 던졌을 때, 반드시 앞면이 1번 나올 거라고 생각한다면 그건 착각이야. 하지만 '2번 중 1번'이라는 표현이 '2번 중 1번 나올 비율'이란 뜻이면 뭐 이해 못 할 것도 없지. 다시 말해, 'M이 클 때의 상대도수는 $\frac{1}{2}$에 가깝다'라는 상황을 표현한 것이라고 할 수 있으니까.

유리 뭐야, 그건 확대해석 아니야?

나 확대해석이라고는 할 수 없지.

유리 앗, 나 뭔가 대단한 발견을 한 거 같아!

나 갑자기 무슨 소리야?

유리 그 반대는 성립되지 않는다는 거야!

나 반대? 반대라니 무슨 반대?

유리 공정한 동전을 반복해서 던졌을 때 상대도수가 $\frac{1}{2}$에 가까워진다. 이 말의 반대는 성립되지 않아.

나 상대도수가 $\frac{1}{2}$에 가까워지는 동전이라면 공정한 동전이다. 이것이 성립되지 않는다는 말이야?

유리 오빠가 말한 대로야. 상대도수가 $\frac{1}{2}$에 가까워지는 동전이 있다고 해도 그것이 꼭 공정한 동전이라고는 할 수 없어!

나 오, 그렇다면, 그런 동전은 어떤 동전일까?

유리 그건 바로, 로봇 동전이지.

나 로봇 동전이라니, 무슨 말이야?

유리 던졌을 때 앞면, 뒷면을 동전이 스스로 정할 수 있는 기계 가 내장된 동전이야! 물론, 기억장치도 함께.

나 유리, 대단한 걸.

유리 그리고 말이야, 로봇 동전은 앞면과 뒷면이 꼭 번갈아 나 온다고 하자.

$$앞 \rightarrow 뒤 \rightarrow 앞 \rightarrow 뒤 \rightarrow 앞 \rightarrow 뒤 \rightarrow 앞 \rightarrow \cdots\cdots$$

그러면 상대도수는 $\frac{1}{2}$에 가까워지게 돼! 하지만 이런 로봇 동전은 공정하지 않아!

나 앞면과 뒷면이 반복되는 동전이라니!

"동전을 1,000번 던졌을 때, 앞면이 몇 번 나올까?"

제1장의 문제

●● **문제 1-1 (동전을 2번 던진다)**

공정한 동전을 2번 던지기로 한다. 이 때,

   ⓪ '앞면'이 0번 나온다.

   ① '앞면'이 1번 나온다.

   ② '앞면'이 2번 나온다.

이 3가지 중 어느 하나의 경우가 발생한다.

따라서 ⓪, ①, ②가 일어날 확률은 모두 $\frac{1}{3}$이다.

이 설명의 잘못된 점을 이야기하고 올바른 확률을 구하시오.

(해답은 p.336)

공정한 주사위를 1번 던지기로 한다. 이때, 다음 ⓐ~ⓔ의 확률을
각각 구하시오.

ⓐ $\overset{3}{\cdot\cdot}$이 나올 확률

ⓑ 짝수의 눈이 나올 확률

ⓒ 짝수 또는 3의 배수의 눈이 나올 확률

ⓓ $\overset{6}{\vdots\vdots}$보다 큰 눈이 나올 확률

ⓔ $\overset{6}{\vdots\vdots}$ 이하의 눈이 나올 확률

(해답은 p.338)

공정한 동전을 5번 던지기로 한다. 확률 p와 q를 각각,

p = 결과가 '앞앞앞앞앞'이 될 확률

q = 결과가 '뒤앞앞앞뒤'가 될 확률

이라 했을 때, p와 q의 크기를 비교하시오.

(해답은 p.340)

●●● **문제 1-4 (앞면이 2번 나올 확률)**

공정한 동전을 5번 던졌을 때, 앞면이 정확히 2번 나올 확률을
구하시오.

(해답은 p.342)

●●● **문제 1-5 (확률값의 범위)**

어떤 확률을 p라고 했을 때,

$$0 \leq p \leq 1$$

이 성립함을 확률의 정의(33쪽)를 이용해 증명하시오.

(해답은 p.345)

제2장

전체 중에서 얼마일까?

'전체가 무엇인지 모르면 절반도 무엇인지 알 수 없다.'

나와 유리는 확률에 대해 대화를 하고 있다.

> 나 동전 던지기 이야기만 하면 재미없으니까 다른 문제를 생
> 각해볼까?

> 유리 좋아! 어떤 문제?

> 나 **트럼프 카드**를 이용한 문제를 생각해 보자. 조커를 빼고 센다
> 면 카드가 모두 몇 장인지 알고 있어?

> 유리 52장 아니야?

> 나 맞아. 카드에는

스페이드♠ 하트♡ 클로버♣ 다이아◇

모두 4종류의 패가 있어. 그리고 각각의 패에는

A(에이스) 2 3 4 5 6 7 8 9 10 J(잭) Q(퀸) K(킹)

이렇게 13종류의 등급이 있어. 그러니까,

> 유리 4 × 13 = 52장이네.

조커를 제외한 52장의 카드

나 응. 52장은 조금 많으니까 이 중에서 12장의 카드만 사용하기로 할까?

12장의 그림카드

유리 이걸로 뭘 할 거야?

나 이 12장의 그림카드를 잘 섞은 다음 한 장을 뽑아.

유리 안 보고?

나 응, 보지 않은 상태에서 뽑아서 스페이드 잭 ♠J이 나올 확률은?

●●● **문제 2-1 (♠J이 나올 확률)**

12장의 그림카드를 잘 섞어 1장을 뽑는다.

♠J이 나올 확률은?

유리 $\frac{1}{12}$이야.

나 빠르네!

유리 왜냐하면 12장에서 1장을 뽑는 거니까 $\frac{1}{12}$이지.

나 그래. 어떤 카드가 나올지는 모두 12가지의 경우가 있고,
어느 카드나 나올 가능성은 동일하지. 그중에 ♠J이 나올 경
우는 1가지이므로 확률은 $\frac{1}{12}$이 돼. 확률의 정의 그대로야.

$$♠\text{J이 나올 확률} = \frac{♠\text{J이 나올 경우의 수}}{\text{모든 경우의 수}}$$

$$= \frac{1}{12}$$

유리 하나도 안 어려운데.

나 이 $\frac{1}{12}$의 분모와 분자를 카드의 목록으로 나타내도 재미있겠
지. 전체 12장 중에서 ♠J은 한 장이야.

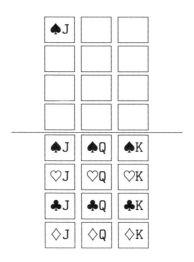

유리 아, 과연.

나 분수로 나타내지 않고 이렇게만 보여도 충분해. 전체를 알
수 있으니까.

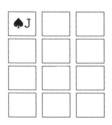

유리 간단하네, 간단해.

●●● 해답 2-1 (♠J이 나올 확률)

12장의 그림카드를 잘 섞어 1장을 뽑았을 때, ♠J이 나올 확률은 $\frac{1}{12}$이다.

2-3 스페이드가 나올 확률

나 그럼, 12장의 그림카드에서 한 장을 뽑았을 때 J, Q, K 중 어느 하나라도 좋으니까 ♠가 나올 확률은?

●●● 문제 2-2 (♠가 나올 확률)

12장의 그림카드를 잘 섞어 1장을 뽑는다.
♠가 나올 확률은?

유리 음, $\frac{1}{4}$인가?

나 응, 맞아. 전체 12장 중에서 3장이 ♠니까, ♠가 나올 확률은 $\frac{3}{12} = \frac{1}{4}$이 되지.

$$♠ 가 나올 확률 = \frac{♠ 가 나올 경우의 수}{모든 경우의 수}$$

$$= \frac{3}{12}$$

$$= \frac{1}{4}$$

유리 문제 2-1과 같지 않아? $\frac{3}{12}$이란 건 이런 말이잖아.

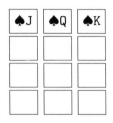

나 그래, 그대로야.

●●● 해답 2-2 (♠가 나올 확률)

12장의 그림카드를 잘 섞어 한 장을 뽑았을 때, ♠가 나올
확률은 $\frac{1}{4}$이다.

유리 확률은 경우의 수를 구하면 해결되니까.

나 맞아. 그런데 다른 방법도 있어. 경우의 수를 이용해 확률을 구할 뿐 아니라, 확률을 이용해 확률을 구할 수도 있어.

유리 확률을 이용해 확률을 구한다고? 무슨 말인지 모르겠어.

2-4 잭이 나올 확률

나 이런 문제를 생각해 보자.

●●● **문제 2-3 (J이 나올 확률)**

12장의 그림카드를 잘 섞어 1장을 뽑는다.

J이 나올 확률은?

유리 세면 안 되는 거야?

나 아니, 세도 괜찮아. 수학 문제는 어떤 방법으로 풀어도 상
관없으니까.

유리 J은 4장 있으니까 확률은 $\frac{4}{12} = \frac{1}{3}$이네.

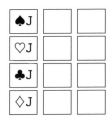

나 그래, 정답!

●● **해답 2-3 (J이 나올 확률)**

12장의 그림카드를 잘 섞어 1장을 뽑았을 때, J이 나올 확률은 $\frac{1}{3}$이다.

유리 아까부터 모두 같은 문제 아니야?

$$\frac{\text{주목하고 있는 경우의 수}}{\text{모든 경우의 수}}$$

이것이 확률이니까.

나 맞아. 확률의 정의야. 이상할 건 아무것도 없어. 여기서 조금 재미있는 계산을 해 보자.

유리 뭔데, 뭔데?

나 우리는 세 가지 확률을 구했어. 12장의 그림카드에서 한 장을 뽑을 때의 확률.

$$\spadesuit\text{J이 나올 확률} = \frac{1}{12}$$

$$\spadesuit\text{가 나올 확률} = \frac{1}{4}$$

$$\text{J이 나올 확률} = \frac{1}{3}$$

유리 응.

나 이것을 잘 보면, **곱셈**이란 걸 알 수 있어.

♠J이 나올 확률 = ♠가 나올 확률 × J이 나올 확률

$$\updownarrow \qquad\qquad \updownarrow \qquad\qquad \updownarrow$$

$$\frac{1}{12} \quad = \quad \frac{1}{4} \quad \times \quad \frac{1}{3}$$

유리 와, 대단한 우연이네!

나 ….

유리 …우연이 아닌 거야?

나 우연이 아니야. 조금만 생각해 보면 알 수 있어.

유리 모르겠어.

나 아니, 잘 생각해 봐.

유리 생각하고 있긴 한데….

나 예를 들어, ♠가 나올 확률이 왜 $\frac{1}{4}$이지?

유리 12장 중 3장이니까, $\frac{3}{12} = \frac{1}{4}$이지.

나 ♠♡♣◇ 4종류 중에서 ♠ 1종류니까 $\frac{1}{4}$이라고도 할 수 있 겠지.

$\dfrac{3}{12}$

♠J	♠Q	♠K
♡J	♡Q	♡K
♣J	♣Q	♣K
◇J	◇Q	◇K

$\dfrac{1}{4}$

| ♠ |
| ♡ |
| ♣ |
| ◇ |

♠가 나올 확률은 $\dfrac{3}{12} = \dfrac{1}{4}$

유리 맞아. ♠♡♣◇은 모두 나올 가능성이 동일하니까.

나 J이 나올 확률도 똑같이 생각할 수 있어. JQK 3종류 중 J 1종류니까 $\dfrac{1}{3}$이라고 할 수 있는 거지.

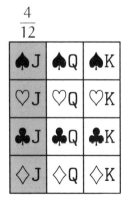

$\dfrac{4}{12}$

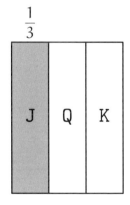

$\dfrac{1}{3}$

J이 나올 확률은 $\dfrac{4}{12} = \dfrac{1}{3}$

유리 ….

나 그러니까 그림으로 생각하면 확률의 곱셈으로 확률을 계산
할 수 있는 건 우연이 아니란 걸 알 수 있어.

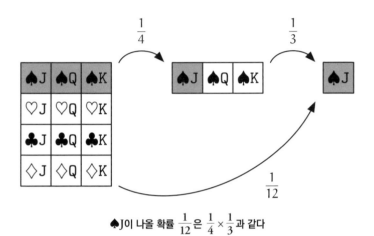

♠J이 나올 확률 $\frac{1}{12}$ 은 $\frac{1}{4} \times \frac{1}{3}$ 과 같다

유리 전체를 $\frac{1}{4}$ 로 하고, 다시 $\frac{1}{3}$ 로 하면 $\frac{1}{12}$ 이 되기 때문에?

나 그래, 맞아.

유리 분수의 곱셈이네!

나 그래, 전체의 $\frac{1}{4}$ 이 ♠이고, 다시 그 $\frac{1}{3}$ 이 J이니까 ♠J이 나올
확률은 $\frac{1}{12}$ 이 되는 거야.

유리 오빠가 하는 말, 뭔지 알 것 같아.

나 게다가 ♠가 나올 확률을 세로 길이, J이 나올 확률을 가
로 길이라고 하면 ♠J이 나올 확률은 면적으로도 생각할 수
있어.

유리 확률이 길이? 면적?

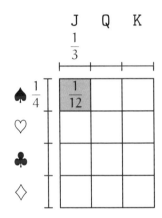

♠의 확률 $\frac{1}{4}$ × J의 확률 $\frac{1}{3}$ = ♠J의 확률 $\frac{1}{12}$

나 ♠가 나올 확률은 세로 길이 전체를 1로 했을 때 $\frac{1}{4}$이라고
생각할 수 있어.

J이 나올 확률은 가로 길이 전체를 1로 했을 때 $\frac{1}{3}$이라고 생
각할 수 있어.

♠J이 나올 확률은 사각형의 면적 전체를 1로 했을 때,

유리 세로가 $\frac{1}{4}$이고 가로가 $\frac{1}{3}$이니까 면적은 $\frac{1}{12}$.

나 그리고 그 면적 $\frac{1}{12}$은 ♠J이 나올 확률에 대응되지.

유리 재미있네!

나 확률은 **전체 중에 얼마?**를 생각하는 거니까.

유리 음음!

나 원래 경우의 수도 곱셈으로 계산하잖아.

유리 응?

나 경우의 수를 곱셈으로 구하고 나서 확률을 계산하면 다음과 같아.

 ㉠ 전체가 되는 12장의 그림카드는

  ♠♡♣◇ 4종류와 JQK 3종류를 곱한 것.

 ㉡ ♠J이라는 한 장의 카드는

  ♠ 1종류와 J 1종류를 곱한 것.

 ㉢ ♠J이 나올 확률은

$$\frac{㉡}{㉠} = \frac{1 \times 1}{4 \times 3} = \frac{1}{12}$$

이 되지.

유리 그렇긴 하지만….

나 확률을 구하고 나서 확률을 곱하면 이렇게 돼.

㉠ ♠가 나올 확률은 ♠♡♣◇분의 ♠이므로 $\frac{1}{4}$이 된다.

㉡ J이 나올 확률은 JQK 분의 J이므로 $\frac{1}{3}$이 된다.

㉢ ♠J이 나올 확률은

$$㉠ \times ㉡ = \frac{1}{4} \times \frac{1}{3} = \frac{1}{12}$$

이 돼.

유리 뭐, 뭐야. 이런 말이야?

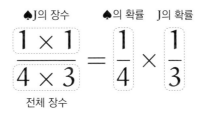

나 그래, 그거야.

유리 알았어! 뭐 당연한 이야기네.

나 그래, 지금부터가 재미있는 문제야.

유리 오호라?

●●● 문제 2-4 (힌트가 있을 때의 확률)

엘리스가 12장의 그림카드에서 1장을 뽑은 뒤, '검은색 카드가 나왔다'고 말했다. 이때, 카드가 실제로 ♠J일 확률은?

유리 엘리스가 누구야?

나 누군지는 중요하지 않아, 카드를 뽑은 사람일 뿐이야. 엘리스는 카드를 뽑았어. 그걸 보고 검은색 카드가 나왔다는 힌트를 주었어. 그 카드가 무슨 카드인지 너는 아직 몰라. 그러면 그 카드가 ♠J일 확률은?

유리 $\frac{1}{12}$이겠지?

나 바로 답이 나오네.

유리 ♠J이 나올 확률은 문제 2-1에서 계산했잖아. 12장 중에서 1장이므로 확률은 $\frac{1}{12}$이네.

나 엘리스가 말한 힌트는?

유리 그건 상관이 없어. 왜냐하면 이미 카드는 뽑았잖아? 힌트를 들어도 확률은 변하지 않아.

나 그런데 그렇지가 않아. 확률은 변해.

유리 뭐라고?

나 확률의 정의에 적용하면 알 수 있어. 문제 2-4의 '모든 경우'와 '주목하는 경우'를 생각해 보자. 모든 경우는 6가지이고 주목하는 경우는 1가지야. 카드의 분수로 나타내면 확실해져.

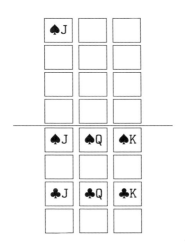

유리 무슨 말이야?

나 엘리스가 뽑은 카드가 무엇인지 아직은 알 수 없어. 하지만 검은색이라는 건 힌트로 알고 있어. 검은색 카드는 ♠이거나 ♣이야. 그러니까 모든 경우의 수는 12가지가 아니라 6가지가 되지.

유리 어머, 그런 식으로 생각할 수 있네.

나 응, 그래.

유리 '모든 경우'가 바뀌네.

나 왜냐하면, 일어날 가능성이 있는 '모든 경우'를 생각할 때, 예를 들어, ♡Q은 포함되지 않잖아.

유리 검은색이라는 걸 알고 있으니까 ♡가 나올 리 없어.

나 그래. 검은색이란 힌트 때문에 이미 뽑은 카드는 변하지 않지만 확률은 변하지. 왜냐하면 이 문제의 경우, 검은색이란 힌트로 '모든 경우의 수'가 바뀌기 때문이야.

유리 과연 그러네, 엘리스가 카드를 뽑기 전이었다면 ♠J이 나올 확률은 $\frac{1}{12}$이지?

나 물론, 그렇지. 그때는 12장의 그림카드가 모두 나올 가능성이 있잖아. 하지만 엘리스가 카드를 뽑은 다음, 검은색이란 힌트를 들은 사람에게는 ♠J일 확률이 $\frac{1}{6}$이 돼.

유리 뽑은 카드를 본 엘리스는?

나 엘리스가 카드를 뽑고 그것을 보았다고 하자. 그 카드가 ♠J이었다면 엘리스에게 ♠J일 확률은 1이야. 그리고 ♠J이 아니라면 엘리스에게 ♠J일 확률은 0이고.

유리 그러네. 그렇구나.

나 엘리스가 카드를 뽑은 다음, 그 카드 자체는 변하지 않아.

하지만 일어날 가능성은 변해. '모든 경우'가 변하게 돼. '전체는 무엇인가'에 주의하지 않으면 틀리게 되지. 확률은 '전체 중 얼마?'를 생각하는 것이니까.

유리 응응!

●●● **해답 2-4 (힌트가 있을 때의 확률)**

엘리스가 12장의 그림카드에서 1장을 뽑고 '검은색 카드가 나왔다'라고 말했다. 이때 카드가 실제로 ♠J일 확률은 $\frac{1}{6}$이다.

2-7 곱셈은 어떻게 할까?

나 네가 말한 것처럼 경우의 수만 알면 확률은 알 수 있어. 하지만 그때 '모든 경우의 수'와 '주목하는 경우의 수' 둘 다 고려하는 것이 중요해.

유리 확률은,

$$\frac{\text{주목하는 경우의 수}}{\text{모든 경우의 수}}$$

이잖아? 그러니까 당연하지.

나 맞아. 정의한 대로라는 의미에서는 당연하지. 하지만 의식하지 않으면 정의한 대로 생각할 수가 없어.

유리 확실히….

나 아, 그래. 힌트가 있더라도 곱셈으로 계산하는 건 마찬가지야. 문제 2-4는 이렇게 계산할 수 있어.

$$\spadesuit\text{J이 나올 확률} = \text{검정이 나올 확률} \times \text{검정에서 } \spadesuit\text{J이 나올 확률}$$

$$\frac{1}{12} \quad = \quad \frac{1}{2} \quad \times \quad \frac{1}{6}$$

유리 응, 맞아.

나 2단계로 생각했다고 할 수 있어.

유리 2단계…. 아,

그림카드 전체에서 ♠J이 나온다

라는 건,

그림카드 전체에서 검정이 나오고,
다시 그 검정 중에서 ♠J이 나온다

라는 것이니까? 과~연!

유리의 눈이 반짝반짝 빛났지만, 바로 뭔가 의심쩍은 얼굴이 되었다.

나 왜? 무슨 일이야.

유리 음, 저기 말이야 오빠. 오빠가 말하는 건 알겠어. 그런데 왜 꼭 곱셈이야? 전부 세어 보면 ♠J이 나올 확률은 전체 12 가지 중에 1가지잖아. 이렇게 세어 보면 알 수 있는데 왜 곱셈으로 확률을 구해야 하지?

나 그건 곱셈으로 구하는 편이 자연스러울 때가 있기 때문이야.

유리 그렇구나….

2-8 검정과 빨강 구슬이 나올 확률

나 이런 문제를 생각해 보자.

A와 B 두 가지 상자가 있다. 그 속에는 구슬들이 들어 있다. 구슬은 모두 무게가 같고 검정, 하양, 빨강, 파랑의 4가지 색이 있다.

- 상자 A에는
  - 검정 구슬이 1kg
  - 하양 구슬이 3kg

  총 4kg의 구슬이 들어 있다.
- 상자 B에는
  - 빨강 구슬이 1kg
  - 파랑 구슬이 2kg

  총 3kg의 구슬이 들어 있다.

각각의 상자를 잘 섞고 나서 상자 A와 상자 B로부터 구슬을 1개씩 꺼낸다. 이때, 검정과 빨강 구슬이 나올 확률은 얼마일까?

유리 알 수 있는 건 무게뿐이란 말이지?

나 그렇지. 표로 정리하면 다음과 같아.

	검정	하양	빨강	파랑	합계
상자 A	1kg	3kg	0kg	0kg	4kg
상자 B	0kg	0kg	1kg	2kg	3kg

무게는 알고 있어. 하지만 몇 개가 들어 있는지는 알 수 없어. 그렇다면 확률은?

유리 그럼, 전체 4kg 중에 검정은 1kg이니까 개수는 몰라도 비율은 $\frac{1}{4}$이겠네.

나 그래. 만일 상자 A에 검정이 m개 들어 있다면 상자 A 전체에는 4m개의 구슬이 있을 거야. 그중에서 1개를 꺼냈을 때 검정일 확률은,

$$\frac{m}{4m} = \frac{1}{4}$$

이 돼. 확률은 경우의 수의 비율로 정의하고 있지만 문제 2-5에서는 확률을 무게의 비율로 정할 수 있어.

유리 그렇지.

나 마찬가지로, 상자 B에 빨강이 m′개만큼 들어 있다면 상자 B 전체에는 3m′개의 구슬이 있을 거야. 그중에서 1개를 꺼냈을 때, 빨강이 될 확률은

$$\frac{m′}{3m′} = \frac{1}{3}$$

이 돼. 상자 A에서 검정이 나오고 상자 B에서 빨강이 나올 확률을 각각 계산해 두면 곱셈으로 검정과 빨강이 나올 확률을 알 수 있어.

유리 오~.

나 ♠J의 확률을 곱셈으로 구했을 때와 마찬가지로 다음과 같이 그림을 그리면 분명하게 알 수 있어.

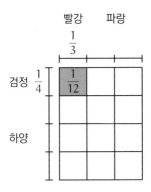

검정의 확률 $\frac{1}{4}$ × 빨강의 확률 $\frac{1}{3}$ = 검정과 빨강의 확률 $\frac{1}{12}$

유리 ….

나 확률을 길이의 비율로 나타내고 있어.

● 검정의 길이는 세로 길이의 $\frac{1}{4}$이고
이것은 상자 A에서 검정 구슬이 나올 확률.

• 빨강의 길이는 가로 길이의 $\frac{1}{3}$이고

이것은 상자 B에서 빨강 구슬이 나올 확률.

그리고, 검정과 빨강이 나올 확률 $\frac{1}{12}$은 면적의 비율로 나타내고 있어. 검정과 빨강이 만드는 면적은 전체 면적의 $\frac{1}{12}$이 돼.

●● **해답 2-5 (검정과 빨강 구슬이 나올 확률)**

상자 A에서 검정 구슬이 나올 확률은 $\frac{1}{4}$이고, 상자 B에서 빨강 구슬이 나올 확률은 $\frac{1}{3}$이므로 검정과 빨강 구슬이 나올 확률은

$$\frac{1}{4} \times \frac{1}{3} = \frac{1}{12}$$

이다.

유리 '검정과 빨강이 나온다'는 말은 '♠J이 나온다'와 같은 말이구나!

나 그래, 맞았어. 확률의 눈으로 보면 둘 모두 같은 것이 돼.

유리 확률의 곱셈, 알았어! 확률이 두 가지 나오면 곱하면 되겠네!

나 아니, 그렇게 단순하게 생각하는 건 좋지 않아. '검정과 빨강이 나온다' 또는 '♠J이 나온다'는 계산에서는 항상 비율을 생각했어. '전체 중에 얼마만큼?'을 생각하는 것이 확률이니까.

유리 비율 계산이니까 곱셈으로 되지 않아?

나 확률이 두 가지 나와도, 그 값이 무엇을 나타내는지 잘 생각해 보지 않고 단순히 곱한다고 되는 건 아니야.

유리 여차하면, 경우의 수를 생각하면 되잖아?

나 경우의 수를 구체적으로 알 수 없는 경우라도 확률로 표현할 수 있기 때문이야. 과거의 통계나 경험에서 어떤 일이 약 몇 % 일어날 것이라고 예상되는 경우가 있어. 그 값을 통계적 확률이나 경험적 확률이라고 부르기도 해.

유리 잘 모르겠어.

나 예를 들어, 자주 등장하는 예가 바로 기계 고장 문제야.

●● **문제 2-6 (기계의 고장)**

한 기계에 고장 나기 쉬운 2개의 부품 A와 B가 사용되고 있다. 그리고 각각의 고장 확률을 알고 있다.

- 1년에 고장 A가 발생할 확률은 20%
- 1년에 고장 B가 발생할 확률은 10%

이때, '1년에 고장 A와 B가 모두 발생할 확률은 2%'라고 말할 수 있을까?

유리 말할 수 있어…. 아니, 할 수 없어!

나 어느 쪽이야?

유리 20%의 10%는 2%지만, 오빠가 아까 곱셈이 아니라고 했으니까….

나 은근슬쩍 넘어가지 마. 너는 20%와 10%를 곱했잖아.

유리 응, 20%의 10%니까 2%잖아. 곱셈이 틀리지 않았잖아.

$$20\% \quad \times \quad 10\% \quad = \quad 2\%$$

$$\updownarrow \qquad\qquad \updownarrow \qquad\qquad \updownarrow$$

$$0.2 \quad \times \quad 0.1 \quad = 0.02$$

나 그래, 계산은 틀리지 않았어.

유리 그럼 결국 2%가 답이야? 아니야?

나 2%라고는 말할 수 없어.

●●● **해답 2-6 (기계의 고장)**

1년에 고장 A와 B가 모두 발생할 확률은 2%라고 말할 수 없다.

유리 2%가 아니면 몇 %야?

나 2%가 아니라고도 할 수 없어.

유리 뭐야, 어느 쪽이야!

나 이 문제 2-6에서 말하는 것만으로는 확률이 2%라고 말할 수 없어. 그리고 2%가 아니라고도 말할 수 없지. 몇 %인지는 알 수 없어.

유리 그게 뭐야! 검정과 빨강 구슬 때는 곱셈이었잖아. 이번에는 곱하면 안 되는 거야?

나 구슬을 꺼내는 것과 기계의 고장은 상황이 달라.

유리 무슨 말이야?

나 구슬을 꺼내는 문제에서는

- A상자에서 검정 구슬이 나올까?
- B상자에서 빨강 구슬이 나올까?

이 두 가지는 독립되어 있어.

유리 독립?

나 상자 A에서 검정 구슬이 나와도 상자 B에서 빨강 구슬이 나올 확률은 변하지 않는다는 말이야.

유리 응?

나 상자 A와 상자 B는 별개의 상자이기 때문에 상자 A에서 검정이 나오든 나오지 않든 상자 B에서 빨강이 나올 확률은 변함없이 $\frac{1}{3}$이야.

유리 그건 그렇지만.

나 하지만 기계의 고장은 어떨까? 고장 A가 생길 때 고장 B가 발생할 가능성이 높아질 수도 있어.

유리 부품 A의 나사가 느슨하다면 부품 B의 나사도 느슨할 수 있다는 뭐, 그런 말이야?

나 그대로야! 예를 들어 그럴 수 있지.

유리 음, 하지만 그건 좀 곤란한 문제로 보여! 고장 A와 B가 어떤 것인지 모르면 계산할 수가 없잖아!

나 네 말이 맞아. 만일 고장 A와 B가 서로 독립적으로 발생한다는 조건을 붙이면 양쪽의 고장이 발생할 확률은 2%라고 할 수 있어. 하지만 그런 조건이 없으면 아무 말도 할 수 없어.

유리 정확한 답이 나오지 않으면 곤란한데.

나 그런데, 여기서 재미있는 것을 알 수 있어.

유리 응?

나 고장 A와 B가 서로 독립적이라면 두 고장이 일어날 확률은 2%가 될 거야.

유리 두 확률을 곱한 확률이지.

나 그래. 그리고 만일에, 만일이야. 고장 A와 B가 모두 발생할 확률을 조사했더니 2%보다 컸다고 하자.

유리 2%가 아닌 50%라도?

나 그건 무리야. 왜냐하면 고장 A가 발생할 확률은 20%이고 고장 B가 발생할 확률은 10% 정도이니까, 둘 모두 일어날 확률은 어느 한쪽보다는 낮아질 수밖에 없어.

유리 그래? 그럼, 4%라면?

나 음, 그럼 4%로 해볼까? 그렇다면,

고장 A의 확률 × 고장 B의 확률 < 고장 A와 B가 모두 발생할 확률

$\updownarrow$ $\updownarrow$ $\updownarrow$

20% × 10% < 4%

가 돼. 이로써 두 고장은 서로 관련이 있다고 말할 수 있을
지도 몰라.

유리 어? 잠깐, 질문! 확률을 곱해서 비교하는 것만으로 고장 A
때문에 고장 B가 발생했다는 걸 알 수 있어?

나 아니, 그런 건 알 수 없지. 관계가 있을지도 모른다는 건 고
장 A가 생길 때는 고장 B도 발생할 가능성이 높다는 의미로
말한 거야. 왜 그렇게 되는지 이유는 알 수 없고, 인과관계가
있는지도 알 수 없어.

유리 인과관계?

2-10 인과관계는 가르쳐주지 않는다

나 인과관계란 원인과 결과의 관계를 말하는 거야. 고장 A가
원인이 된 결과 B가 발생했다는 관계 말이야. 지금 다루고
있는 건 인과관계가 아니야.

유리 아, 그렇긴 해. 하지만 고장 A와 B 모두 발생할 가능성이 있다면 고장 A 때문에 고장 B가 생겼을지도 모르잖아.

나 그럴지도 모르지만 반대일 수도 있어. 고장 B 때문에 고장 A가 발생했을 수도 있어. 두 가지 모두 발생 가능성이 있다는 것만으로는 어느 쪽이 원인인지 알 수 없어.

유리 뭐, 확실히 그렇네.

나 그리고 전혀 다른 원인 C로 인해서 고장 A와 B가 발생했을 수도 있어. 원인 C로 인해 덜커덩덜커덩 흔들렸고, 고장 A와 B가 발생하게 되었다는 말이지.

유리 그래, 맞아. 인과관계를 알 수 없다는 말 이해했어.

2-11 고장의 계산

나 지금은 고장 A와 B가 모두 발생할 확률이 4%라고 말하지만, 이때 고장 A와 B가 모두 발생하지 않을 확률은 계산할수 있을까?

유리 모두 발생하는 것이 4%니까 둘 모두 발생하지 않는 것은 96% 아니야? 아, 아니야, 지금 한 말 취소야! 한쪽만 발생할 경우가 있으니까!

나 다음 문제처럼 말이지.

●● 문제 2-7 (고장의 확률)

한 기계에 고장을 일으키기 쉬운 2개의 부품 A와 B가 사용되고 있다. 그리고 각각의 고장 확률은 다음과 같다.

- 1년에 고장 A가 발생할 확률은 20%
- 1년에 고장 B가 발생할 확률은 10%
- 1년에 고장 A와 B 모두 발생할 확률은 4%

이때, 1년에 고장 A와 B가 모두 발생하지 않을 확률은?

유리 이것만으로 두 고장 모두 발생하지 않을 확률을 계산할 수 있어?

나 할 수 있지. 확률은 '전체 중에 얼마일까?'를 생각하는 것이니까 '전체는 무엇인가'를 정리하면 알 수 있어. 그러기 위해서 고장 A와 B에 관해 표를 만들어 생각하기로 하자.

	B	$\overline{B}$	합계
A			
$\overline{A}$			
합계			100%

유리 위에 선이 있는 $\overline{A}$는?

나 A는 고장 A가 발생할 것을 나타내고, $\overline{A}$는 고장 A가 발생하지 않은 경우를 나타내. 일종의 약속이지. 고장 A와 고장 B에 관해 알고 있는 것을 이 표를 이용해 정리해 볼까?

유리 알고 있는 건 20%와 10%와 4%네.

나 응, 그렇지. 주어진 조건은

- 고장 A가 일어날 확률은 20%
- 고장 B가 일어날 확률은 10%
- 고장 A와 B가 모두 발생할 확률은 4%

따라서, 각각을 표에 적용해 보자. 우선 고장 A가 일어날 확률 20%는….

유리 여기?

	B	$\overline{B}$	합계
A			20%
$\overline{A}$			
합계			100%

고장 A가 발생할 확률은 20%

나 좋았어! 그럼, 고장 B가 발생할 확률에 대해서도 알 수 있

108

을까?

유리 바로 여기, 10%야.

	B	B̄	합계
A			20%
Ā			
합계	10%		100%

고장 B가 발생할 확률은 10%

나 그럼, 고장 A와 B가 모두 발생할 확률 4%는 어딜까?

유리 왼쪽 위 모서리….

	B	B̄	합계
A	4%		20%
Ā			
합계	10%		100%

고장 A와 B가 모두 발생할 확률은 4%

나 그래, 맞았어. 자, 이렇게 주어진 조건들로 표를 채웠네.

유리 나머지도 채울 수 있어! 뺄셈을 하면 되잖아. 고장 A가 발
생하지 않을 확률은 100 − 20 = 80%, 맞지?

	B	$\overline{B}$	합계
A	4%		20%
$\overline{A}$			80%
합계	10%		100%

고장 A가 발생하지 않을 확률은 80%

나 고장 B가 발생하지 않을 확률은⋯.

유리 그것도 알 수 있어. 100 − 10 = 90%잖아.

	B	$\overline{B}$	합계
A	4%		20%
$\overline{A}$			80%
합계	10%	90%	100%

고장 B가 발생하지 않을 확률은 90%

나 나머지도 할 수 있겠어?

유리 그럼! 세로와 가로의 뺄셈으로 모두 할 수 있어!

	B	$\overline{B}$	합계
A	4%	<u>16%</u>	20%
$\overline{A}$	6%	<u>74%</u>	80%
합계	10%	90%	100%

표를 모두 채웠다

나 잘했어!

유리 그러니까 고장 A와 B가 모두 발생하지 않을 확률은 74%야!

●● **해답 2-7 (고장의 확률)**

주어진 확률을 토대로 만든 다음 표와 같이 1년 동안 고장 A와 B가 모두 발생하지 않을 확률은 74%이다.

	B	$\overline{B}$	합계
A	4%	16%	20%
$\overline{A}$	6%	74%	80%
합계	10%	90%	100%

나 해냈네.

유리 나 이제 알 것 같아!

나 응!

유리 그게 말이야, 확률에서 '표를 만들어 생각'하는 이유를 알았어. 표를 그리면 '전체는 무엇인가?'를 쉽게 이해할 수 있기 때문이야!

나 네 말이 맞아.

유리 100% 이해했어!

나 그럼, 너… 그 100%는 무엇을 전체로 했을 때야?

"전체를 무엇으로 할지 정해지지 않는다면, 절반이 무엇이 될지 정해지지 않는다."

제2장의 문제

●● **문제 2-1 (12장의 카드)**

12장의 그림카드를 잘 섞은 다음 1장을 뽑는다. 이때, ①~⑤의
확률을 각각 구하시오.

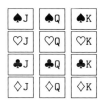

12장의 그림카드

① ♡Q이 나올 확률

② J 또는 Q이 나올 확률

③ ♠가 나오지 않을 확률

④ ♠ 또는 K이 나올 확률

⑤ ♡ 이외의 Q이 나올 확률

(해답은 p.347)

2개의 공정한 동전을 순서대로 던졌더니 첫 번째에 앞면이 나왔다. 이때, 동전 2개 모두 앞면일 확률을 구하시오.

(해답은 p.350)

2개의 공정한 동전을 순서대로 던졌더니 적어도 1개는 앞면이 나왔다. 이때, 동전 2개 모두 앞면일 확률을 구하시오.

(해답은 p.351)

문제 2-4 (카드를 2장 뽑는다)

12장의 그림카드에서 2장의 카드를 뽑았을 때, 2장 모두 Q이 나올 확률을 구하시오.

① 12장 중에서 첫 번째 카드를 뽑고, 이어서 나머지 11장 중에서 두 번째 카드를 뽑는 경우

② 12장 중에서 첫 번째 카드를 뽑고, 그 카드를 카드 묶음에 다시 섞은 다음 12장 중에서 두 번째 카드를 뽑는 경우

(해답은 p.353)

제3장

조건부 확률

"무엇이 전체인지를 결정하지 않으면
무엇이 절반인지 결정할 수 없다."

나 확률에 대해 그런 말을 했었지.

테트라 확률은 '무엇이 전체인가'를 생각한다, 저는 이런 식으로 생각해 본 적이 없었어요.

테트라는 진지한 얼굴로 말했다.

여기는 고등학교 도서관.

나는 후배인 테트라와 이야기를 나누고 있다.

이야기 소재는 유리와 함께 살펴보았던 확률에 관한 것이다.

나 확률은 '전체 중, 얼마일까?'를 묻는 것이니까.

테트라 네…. 저, 확률은 너무 어려워요.

나 그건, 계산이 까다롭기 때문인가?

테트라 글쎄요. 계산은 그럭저럭 할 수 있어요. 그런데 유리처럼 '100% 이해했다'라는 말은 농담이라도 못하겠어요.

나 뭐, 확률은 익숙하지 않으면 어렵지.

테트라 동전을 던졌을 때 앞면이 나올 확률이 $\frac{1}{2}$이란 것은 알겠어요. 그리고 주사위를 던졌을 때 ⚂이 나올 확률이 $\frac{1}{6}$이라는 것도 알겠어요. 문제가 안 풀릴 때, 해설을 보면 '아하, 이

거야' 하고 생각해요.

나 응, 그런데?

테트라 네, 하지만 조금 지나면 그 '아하' 친구는 어디론가 슬금
 슬금 자취를 감추죠. 저를 남겨둔 채로요.

나 아하, 친구라…. '아하'를 의인화하는 것은 테트라 너뿐일
 거야.

우리는 한바탕 웃었다.
그리고 테트라는 다시 진지한 얼굴이 되었다.

테트라 하지만, 확률에서 석연찮은 게 많은 건 사실이에요.

나 예를 들어, 어떤 경우에 그렇지?

테트라는 들고 있는 노트를 펼쳤다가 닫았다 하며 잠시 생각
한다.

테트라 예를 들어…. 그러니끼. 니무 기본석인 것이라도 괜찮
 아요?

나 물론이지, 괜찮아.

테트라 확률에 대한 설명에서 자주 '마찬가지로 확실하다'라는

말이 나와요. 그 '**확실하다**'라는 말이 항상 걸려요.

3-2 마찬가지로 확실한 것 같다

나 아아, 역시. 그 기분은 알 수 있을 것 같아.

테트라 책을 읽을 때 '확실하다'라는 말이 나오면 저는 돌부리에 걸려 넘어질 것 같은 기분이 들어요. 아차차! 하고요.

테트라는 두 팔을 벌리고 넘어질 것 같은 자세를 취해 보인다.

나 나는 유리에게 확률을 설명할 때 '확실하다'라는 말은 쓰지 않았어. 그러고 보니.

테트라 네, 아까 선배는 '일어날 가능성이 높다'라고 말했지요. '확실하다' 보다는 '일어날 가능성이 높다' 쪽이 훨씬 쉽게 다가와요. 일어날 가능성이 높다, 발생하기 쉽다, 나오기 쉽다… 이런 표현이라면 크게 걸리지 않아요.

나 '확실하다'라는 표현은 '확률'이란 용어와 적절히 쓰이고 있지 않을까? '확실한 비율'의 뉘앙스로 말이야.

테트라 그럴지도 모르겠어요. 하지만, '마찬가지로 확실하다'

라는 말을 들으면 왠지 안절부절못하게 돼요.

나 나는 유리에게 설명할 때 '일어날 가능성이 동일하다'라는
말을 썼어. 같은 말이지만.

테트라 ….

나 테트라?

테트라는 혼란스러워하고 있지만 생각할 때는 항상 진지하
다. 그리고 좀처럼 풀리지 않는 '근원적 질문'을 반복하는 경우가
많다.

3-3 확률과 경우의 수

테트라 아, 미, 미안해요. **'경우의 수'**와 비슷하네…라고 생각
했어요.

나 무엇이?

테트라 아까 '아하' 친구가 어딘기로 가버린 이야기요. 확률을
어렵게 느끼는 것과 경우의 수를 어렵게 느끼는 것은 비슷하
다는 생각이 들어요. 계산 자체는 까다롭지만 어렵지는 않
아요. 그런데, 문제의 답이 나와도 왠지 '이해한 느낌'이 들

지 않아요. 설명을 읽고 '아하' 하고 생각하지만 그것도 잠시, 바로 모르겠더라고요….

나 응응.

테트라 어머, 좀 전에 친구 맺은 '아하'는 어디로 가버렸지? 하고 애를 먹곤 해요.

나 확률과 경우의 수는 비슷해. 확률은 경우의 수로 귀결되는 경우가 많으니까.

테트라 귀결이라면?

나 모든 경우가 일어날 가능성이 동일하다고 하면 확률은

$$\frac{\text{지금 주목하는 경우의 수}}{\text{모든 경우의 수}}$$

로 정의할 수 있어. 그러니까

$$\text{확률을 구하는 것}$$

은 바로,

$$\text{경우의 수를 구하는 것}$$

으로 귀결되는 거야.

테트라 역시…. 그러니까 확률은 평소에는 자주 쓰지 않는 말을

사용하는 것도 '이해한 느낌'이 들지 않는 이유일지도 몰라요. 의미가 확실하지 않다고 할까.

나 쓰지 않는 말이란 건, 실험이나 사건, 확률분포를 말하는 거야?

테트라 네. 맞아요. 특히 **조건부 확률**이 어려워요….

나 과연. 그러면, 기본적인 점들부터 복습해 볼까?

테트라 네, 꼭이요! 아, 가능하면 구체적으로….

3-4 실험과 사건

나 주사위를 1번 굴리는 예를 이용해 확률에 나오는 용어를 정리해 나가자.

테트라 네, 그렇게 해요.

나 우선, 주사위 굴리기는 우연에 지배된다고 할 수 있어. 조금 과장되어 보이겠지만 실제로 해 볼 때까지는 결과가 어떻게 될지 알 수 없고, 결과가 매번 비낄 수도 있나는 뜻이야.

테트라 그렇군요. 같은 결과가 나올 때도 있고요.

나 그렇지. 그러니까 몇 번이든 반복하는 것이 전제라고 할 수 있어. 우리가 확률을 구하는 상황은 우연의 지배를 받기 때문에 몇 번이든 반복하는 것이 전제되어야 해. 실제로는 1번 밖에 하지 않는다고 해도 말이야.

테트라 이해했어요.

나 주사위를 1번 굴릴 때처럼 우연의 지배를 받고, 몇 번이든 반복할 수 있는 행위를 실험이라고 해.

테트라 네, 영어로는 'trial'이라고 하죠.

나 오, 역시 테트라네. 영어로 기억하고 있었네. 대단한 걸.

테트라 아니에요. 확률을 배웠을 때 어려운 용어가 나오면 영어로는 뭐라고 하는지 궁금해서 찾아보았어요.

나 응, 실험은 'trial'이야. 그리고 실험을 했을 때 일어나는 일을 사건이라고 해.

테트라 사건은 영어로 'event'죠. 영어로 하면 훨씬 쉬워져요.

나 그렇지. trial이나 event 모두 어렵게 느껴지지 않아.

테트라 확률은 'probability'로, 좀 길지만 'probable(일어날 것 같은)'이란 단어의 명사형이라고 생각하면 이해할 수 있어요.

나 과연. 자, 지금

'주사위를 한번 굴리는 실험'을 하면 그 결과는 반드시

$$\overset{1}{\boxed{\cdot}}, \overset{2}{\boxed{\because}}, \overset{3}{\boxed{\ddots}}, \overset{4}{\boxed{::}}, \overset{5}{\boxed{\vdots\cdot}}, \overset{6}{\boxed{:::}}$$

이 6가지 중 어느 하나가 될 거야.

테트라 네, 그래요.

나 그러므로 이 6개의 원소를 조합하면 '주사위를 1번 던지는 실험'에서 일어나는 어떤 사건도 나타낼 수 있어.

테트라 그럼, 구체적으로는?

나 예를 들어, '⚂이 나오는 사건'은 {⚂}으로 나타낼 수 있어.

$$\text{'⚂이 나오는 사건'} = \{⚂\}$$

테트라 네.

나 그러니까 '짝수의 눈이 나오는 사건'은 {⚁, ⚃, ⚅}으로 나타낼 수 있어.

$$\text{'짝수의 눈이 나오는 사건'} = \{⚁, ⚃, ⚅\}$$

주사위를 1번 굴려 ⚁ 또는 ⚃ 또는 ⚅이 나왔다면 '짝수의 눈이 나오는 사건'이 발생했다고 할 수 있을 거야.

테트라 아아, 역시. 그것도 사건이군요…그렇다면 '홀수의 눈이 나오는 사건'은 {⚀, ⚂, ⚄}이군요.

$$\text{'홀수의 눈이 나오는 사건'} = \{⚀, ⚂, ⚄\}$$

나 응, 이밖에도 '3의 배수의 눈이 나오는 사건'이나 '4 이상의 눈이 나오는 사건', 또 '3보다 작은 눈이 나오는 사건'….

'3의 배수의 눈이 나오는 사건' = {⚂, ⚅}

'4 이상의 눈이 나오는 사건' = {⚃, ⚄, ⚅}

'3보다 작은 눈이 나오는 사건' = {⚀, ⚁}

⋮

테트라 알았어요. 많군요.

나 그래, 많지만 ⚀에서 ⚅까지 6개의 원소를 조합하면 '주사위를 1번 굴리는 실험'에서 일어날 수 있는 어떤 사건이든 나타낼 수 있어.

테트라 그건 그래요. 주사위를 굴렸을 때는 ⚀에서 ⚅까지 중 어느 하나밖에 나오지 않으니까요.

나 그렇지. {⚀, ⚁, ⚂, ⚃, ⚄, ⚅}처럼 모든 원소가 모인 사건을 **전체사건(total event)**이라고 해. 전체사건은 반드시 일어나는 사건이라고도 말할 수 있어.

'전체사건' = {⚀, ⚁, ⚂, ⚃, ⚄, ⚅}

테트라 과연 그렇네요.

나 그리고 {⚂}이나 {⚄}처럼 하나의 원소로 되어 있고 더 이상 잘게 나눌 수 없는 사건을 근원사건이나 기본사건이라고 해. '주사위를 1번 던지는 실험'의 근원사건은 다음의 6가지야.

$$\{\boxed{1}\},\ \{\boxed{2}\},\ \{\boxed{3}\},\ \{\boxed{4}\},\ \{\boxed{5}\},\ \{\boxed{6}\}$$

'주사위를 1번 굴리는 실험'의 근원사건 6개

테트라 과연, 알았어요. 그런데요, 선배. 사건을 나타내는데 일어날 것을 나열하고 괄호로 묶었네요. 이건 집합…이네요.

나 응. '주사위를 1번 굴리는 실험'에서 일어나는 사건은 $\boxed{1}$에서 $\boxed{6}$까지의 **원소** 중 몇 개인가를 가진 집합으로 나타내. 구체적인 원소를 나열하고 집합을 나타낼 때는 괄호로 묶는다고 약속했기 때문이야.

테트라 잠깐만요. 지금 좀 혼란스러워요. 예를 들어,

$$\{\boxed{3}\}$$

은 집합이에요, 사건이에요?

나 둘 다라고 말할 수 있어. '$\boxed{3}$이란 한 개의 원소를 모은 집합'이라고 해도 맞고, '$\boxed{3}$이 나오는 사건'이라고 해도 맞아.

테트라 둘 다라니! 둘 다 맞는 경우가 있나요!?

나 있지. 예를 들어 네가 시험에서 100점을 받았다고 하자. 그때의 100은 정수라고 할 수도 있고 테트라가 받은 점수라고도 할 수 있어. 100은 정수라고 해도 점수라고 해도 옳지. 그것과 비슷한 이야기야. 음, 100점은 100이란 정수를 이용해 점수를 나타낸다고 표현하는 편이 적절하지 않을까?

테트라 역시! {⚅}은 집합이라고 해도 옳고 사건이라 해도 옳아요!

나 집합은 수학에서 매우 기본적인 개념이어서 다양한 표현에 사용할 수 있어. 확률에서는 집합을 이용해 사건을 나타내지. 게다가 원소를 정리해서 다룰 수도 있고.

테트라 아아, 잘 이해했어요. 그런데 {⚅}처럼 원소가 1개뿐이어도 집합인가요? 집합이라고 하면 많이 모여 있는 이미지가 있어서요….

나 그래. 원소가 1개라도 집합이고 원소가 0개라도 집합이지. 원소가 0개인 집합은 공집합이라고 하고,

$$\{ \ \}$$

로 나타내. 공집합은,

$$\emptyset$$

으로 쓰기도 해. { } 표기는 원소가 없다는 것을 잘 알 수 있지만, ∅ 표기도 자주 사용해. 그리고 공집합을 사건으로 생각할 때, 절대로 일어나지 않을 사건, 다시 말해 **공사건**을 나타내지.

테트라 아, 잠깐만요. 선배. 슬슬 제 두뇌가 수용할 수 있는 용량을 넘고 있어요. 조금 정리해 주세요.

- 우연이 지배하고 몇 번이나 반복할 수 있는 행위를 실험이라고 한다.
- 실험으로 발생한 결과를 사건이라 한다.
- 더 이상 나눌 수 없는 사건을 근원사건 혹은 기본사건이라 한다.
- 반드시 일어나는 사건을 전체사건이라 한다.
- 절대로 일어나지 않는 사건을 공사건이라 한다.
- 사건을 나타내는 데 집합을 사용한다.
- 집합은 원소를 나열하고 괄호로 묶어 나타내는 경우가 있다.

나 맞아. 그대로야.

테트라 실험으로 발생한 결과가 사건인데 절대로 일어나지 않는 사건이 있다니, 신기해요.

나 그렇긴 하지만, 공사건을 생각하는 편이 편리할 때가 자주 있어.

테트라 아아….

나 예를 들어, '주사위를 한 번 굴리는 실험'에서 ⚀과 ⚅이 동시에 나오는 경우는 절대로 없어. 그것을 '⚀과 ⚅이 동시에 나오는 사건'은 공사건과 같다고 표현할 수 있기 때문이야.

테트라 아하, 일어나지 않는다는 사실을 나타낼 수 있군요.

나 말은 중요하지만 표면적인 의미에 너무 집착하지 않는 편이 좋을 거야. 반드시 일어나는 전체사건도 절대로 일어나지 않는 공사건도 사건의 일종으로 간주해.

테트라 네, 알겠어요.

3-5 동전 1번 던지기

나 그럼, 계속해서 동전을 1번 던질 때를 생각해 보자.

테트라 네. '동전을 1번 던지는 실험'을 생각하는 거죠!

나 맞아! '동전을 1번 던지는 실험'에서 전체사건은?

테트라 아, 알았어요. 동전을 1번 던졌을 때는 앞면이 나오거나 뒷면이 나오는 경우밖에 없으니까 전체사건은 집합을 이용해서

$$\{앞, 뒤\}$$

로 나타낼 수 있어요. 그렇죠?

나 그래.

테트라 {앞, 뒤}와 {뒤, 앞} 어느 하나로 써도 되나요?

나 음, 좋아. 원소를 열거해 집합을 나타낼 때, 원소는 어떤 순서로 나열해도 괜찮아. 집합에서는 어떤 원소가 속해 있는지가 중요해.

테트라 아, 알았어요.

나 그럼 '동전을 1번 던지는 실험'에서 일어나는 사건을 모두 나열할 수 있겠어?

테트라 그럼…, 지금의 전체사건도 사건이죠?

나 맞아.

테트라 '앞면이 나오는 사건'의 {앞}과 '뒷면이 나오는 사건'의 {뒤}요. …아, 그리고 공사건의 { }도요!

나 응, 정답. 그 4개가 '동전을 1번 던지는 실험'에서 모든 사건이 돼.

{ }	'절대로 일어나지 않는 사건' (공사건)
{앞면}	'앞면이 나오는 사건' (근원사건)
{뒷면}	'뒷면이 나오는 사건' (근원사건)
{앞면, 뒷면}	'반드시 발생하는 사건' (전체사건)

'동전을 1번 던지는 실험'에서 모든 사건

나 이번에는 **동전을 2번 던지는** 상황을 생각해 보자.

테트라 네….

나 '동전 2번 던지기'를 하나의 실험이라고 생각하자. 이때의
전체사건은?

테트라 동전을 2번 던졌을 때 발생하는 것이므로

$$\{앞앞, 뒤뒤, 앞뒤, 뒤앞\}$$

이것이 전체사건이 되죠.

나 응, 맞아. 이 전체사건에 U라는 이름을 붙이면 U는 이렇게
나타낼 수 있어.

$$U = \{뒤뒤, 뒤앞, 앞뒤, 앞앞\}$$

테트라 네, 알 것 같아요.

나 그러면….

테트라 아, 모르겠어요!

나 뭐?

테트라 지금 선배는 '동전 2번 던지기'를 하나의 실험이라고 했
는데 동전을 1번 던지는 것이 하나의 실험이 아닌가요? 그

리고 전체사건은 {앞, 뒤}가 되지 않을까요?

나 아, 그건. 지금 생각하고 있는 상황에서 무엇을 하나의 실험
으로 간주할 것인지의 문제니까 어느 쪽이든 괜찮아. 어떻
게 정하는지가 중요해.

테트라 어느 쪽이든 괜찮아요?

3-7 무엇을 실험으로 볼 것인가

나 우리가 확률을 생각하려고 할 때, 무엇을 실험으로 볼 것
인지는 자동으로 '결정'되는 것이 아니라 우리가 '결정'하
는 거야.

테트라 결정되는 게 아니라 결정하는 것이라고요…?

나 그렇게 어려운 이야기가 아니야.

- '2번 던지기'를 하나의 실험으로 하고, 실험을 1번 한다.
- '1번 던지기'를 하나의 실험으로 하고, 실험을 2번 한다.

둘 중 어느 경우라도 생각할 수 있는 것이므로. 동전을 2번
던지는 상황을 생각할 때 무엇을 실험으로 할지는 우리가
'결정'하는 거야.

테트라 조금 알 것 같아요.

나 그러니까 무엇을 실험으로 생각하는지 명확하게 할 필요가 있어. 그렇지 않으면, 논의의 토대가 정해지지 않게 되지. 그래서 지금은 '2번 던지기'를 하나의 실험으로 간주하기로 하자.

테트라 아하….

나 이때, '2번 모두 같은 면이 나온다'라는 사건을 A라고 하자. A는 구체적으로 어떻게 쓸 수 있을까?

테트라 앞앞이나 뒤뒤니까

$$A = \{앞앞, 뒤뒤\}$$

겠네요.

나 맞아, 정답!

테트라 실험과 사건…, 저도 좀 친해진 느낌이에요.

나 그거 잘 되었네. 여기까지는 실험과 사건에 관한 이야기, 지금부터 슬슬 확률 이야기로 들어가자!

테트라 네!

나 우리가 확률을 생각할 때라는 건, 단순한 확률이 아니라 어떤 사건이 일어날 확률을 생각하는 거야.

테트라 네… 저, 당연한 거 아닌가요?

나 응, 당연한 이야기야. 우리는 사건에 적용해서 확률을 생각한다는 말이지.

테트라 구체적으로 말해서…,

나 아, 그래. 동전을 2번 던지는 예를 생각해 보자. 예를 들어, '2번 모두 같은 면이 나온다'라는 사건을 A로 하고, '사건 A가 일어날 확률은 얼마일까?'라고 생각하는 거야.

테트라 네, 알았어요. 계산하면 $\frac{1}{2}$이죠. 모든 경우는 4가지이고 같은 면이 나오는 경우는 앞앞과 뒤뒤 2가지니까요.

나 그래. 공정한 동전이라면 그렇게 될 거야. 자, 여기서

사건을 하나 결정하면 확률의 값이 하나 결정된다

라는 점에 주목하자.

테트라 네?

나 사건을 하나 결정하면 확률의 값이 하나 결정된다는 건 사건을 주면 실수를 얻을 수 있는 **함수**를 생각하게 되지.

테트라 함수라….

나 사건을 하나 결정하면 확률의 값이 하나 결정돼. 이런 '하나가 결정하면 하나가 결정된다'라는 것은 함수가 되니까.

테트라 예를 들어 함수 $f(x) = x^2$에서 x의 값을 하나로 결정하면 $f(x)$의 값이 하나로 결정되는 것처럼요?

나 그래, 그거야. 정확히 그렇다고 할 수 있어. 지금 테트라는 x의 값에 x^2의 값을 대응하는 함수에 f라는 이름을 붙였어. 그와 마찬가지로 우리는 확률을 얻기 위한 함수에

$$Pr$$

이란 이름을 붙이기로 하자.

테트라 이 Pr이 확률인 거죠.

나 정확히 Pr은 **확률분포**나 확률분포함수라고 하지.

테트라 확률분포… 이건 확률과는 다른가요?

테트라는 큰 눈을 반짝이며 나를 보았다.

나 확률분포 Pr은 사건에 대해 확률의 값을 결정하는 함수를 말해. 그리고 하나의 사건 A에 대해 얻을 수 있는 Pr(A)이란 실수가 확률이 되지. 용어를 엄밀하게 사용한다면 말이야.

테트라 바로 이런 게 제가 어려움을 느끼는 부분이에요.

나 조금 전에 네가 말한 함수 $f(x) = x^2$의 예와 비교하면 이해하기 쉬울 거야. 함수 f에 실수 3을 대입하면 $f(3)$이란 식으로 나타낼 수 있는 실수를 얻을 수 있어. $f(3)$이란 식이 나타내는 구체적인 값은 3^2, 다시 말해 9가 되지. f는 함수의 이름. $f(3)$은 함수 f에 실수 3을 대입했을 때의 실수를 나타내는 거야.

테트라 …네.

나 이것과 같은 관계가 있어. 함수 Pr에 집합 A를 대입하면 $Pr(A)$로 나타내는 실수를 얻을 수 있어. Pr은 함수의 이름. $Pr(A)$는 함수 Pr에 집합 A를 대입했을 때의 실수를 나타내지. A는 사건을 나타내는 집합이고, Pr은 확률분포를 나타내는 함수, $Pr(A)$는 확률을 나타내는 실수라는 것이지.

함수 f에　　　실수 3을 대입하면　실수 $f(3)$을 얻을 수 있다.

함수 Pr에　　　집합 A를 대입하면　실수 $Pr(A)$를 얻을 수 있다.

확률분포 Pr에　사건 A를 대입하면　확률 $Pr(A)$를 얻을 수 있다.

테트라 확률분포는 사건을 확률에 대응시키는 함수…?

나 그렇다고 할 수 있지! '이 사건이 일어날 확률은 얼마일까?'라는 질문에 답하는 것이 확률분포야. 그리고 확률분포를 알면 각각의 사건이 일어나는 확률을 알 수 있어.

테트라 확률과 확률분포에 대해 조금 알 것 같아요. 완벽히는 아니지만요.

나 응. 구체적인 예를 생각해 보자.

3-9 동전을 2번 던지는 경우의 확률분포

나 우리가 지금 '동전을 2번 던진다'라는 실험을 생각하고 있어. 전체사건 U는

$$U = \{\text{뒤뒤, 뒤앞, 앞뒤, 앞앞}\}$$

이고, 근원사건은

$$\{\text{뒤뒤}\}, \{\text{뒤앞}\}, \{\text{앞뒤}\}, \{\text{앞앞}\}$$

이렇게 4가지야. 여기까지는 괜찮지.

테트라 네, 지금까지는 좋아요.

나 공정한 동전이라고 생각하고 확률분포를 Pr로 하면 근원사건에 대한 확률은 이런 식으로 구할 수 있어.

$$\Pr(\{\text{뒤뒤}\}) = \frac{|\{\text{뒤뒤}\}|}{|\{\text{뒤뒤, 뒤앞, 앞뒤, 앞앞}\}|} = \frac{1}{4}$$

$$\Pr(\{\text{뒤앞}\}) = \frac{|\{\text{뒤앞}\}|}{|\{\text{뒤뒤, 뒤앞, 앞뒤, 앞앞}\}|} = \frac{1}{4}$$

$$\Pr(\{\text{앞뒤}\}) = \frac{|\{\text{앞뒤}\}|}{|\{\text{뒤뒤, 뒤앞, 앞뒤, 앞앞}\}|} = \frac{1}{4}$$

$$\Pr(\{\text{앞앞}\}) = \frac{|\{\text{앞앞}\}|}{|\{\text{뒤뒤, 뒤앞, 앞뒤, 앞앞}\}|} = \frac{1}{4}$$

여기서 $|X|$는 집합 X의 원소 수를 나타내.

집합의 원소 개수

집합 X의 원소 개수를

$$|X|$$

로 나타낸다.

※ 여기서는 유한집합의 범위 안에서 생각한다.

테트라 원소 개수… 예를 들어,

$$|\{\text{뒤뒤}\}| = 1 \qquad \text{원소가 1개}$$

$$|\{\text{뒤뒤, 뒤앞, 앞뒤, 앞앞}\}| = 4 \qquad \text{원소가 4개}$$

이런 건가요?

나 응, 맞아. 만일 A = {뒤뒤, 앞앞}이라면

$$\Pr(A) = \frac{|A|}{|U|} = \frac{2}{4} = \frac{1}{2}$$

으로도 쓸 수 있어.

테트라 아아, 알았어요. 그렇다면

$$\Pr(U) = 1$$

이라고도 할 수 있죠? 왜냐하면

$$\Pr(U) = \frac{|U|}{|U|} = \frac{4}{4} = 1$$

이니까요!

나 응, 그대로야. 전체사건 U는 반드시 일어나는 사건이고 일어날 확률 $\Pr(U)$이 1이라는 뜻이지.

테트라 선배, 선배!

$$\Pr(U) = \frac{|\{\ \}|}{|U|} = \frac{0}{4} = 0$$

이니까,

$$\Pr(\{\ \}) = 0$$

이라고도 할 수 있어요. 공사건이 일어날 확률은 0이죠!

나 응, 그래. 테트라는 사건을 집합으로 나타내는 방법을 잘 이해한 것 같은데.

테트라 음, 그러니까 사건을 집합으로 나타내는 건 알겠어요. 그런데 중요한 집합은 좀 어설프게 이해하고 있는 것 같아요.

나 그러면 집합도 복습해 볼까? 마음에 걸리는 부분이 있다면 몇 번이고 확인해서 나쁠 건 없으니까.

3-10 교집합과 합집합

나 A와 B가 집합일 때, A와 B에 같이 속하는 원소를 모두 모은 것도 집합이 돼. 그리고 그것을 집합 A와 B의 **교집합**이라 불러. A와 B에 공통된 원소를 모두 모은 집합이지. 집합 A와 B의 교집합은,

$$A \cap B$$

라고 쓰기로 약속했어.

테트라 네.

나 그리고 A와 B가 집합일 때, A와 B 중 적어도 어느 한쪽에

속하는 원소를 모두 모은 것도 집합이 돼. 그것을 집합 A와
B의 **합집합**이라고 해. A와 B의 원소를 모두 합하여 만든 집
합이지. 집합 A와 B의 합집합은

$$A \cup B$$

라고 쓰기로 약속했어.

테트라 네, 그것도 이해했어요.

나 집합은 다음과 같이 벤다이어그램을 써서 나타내면 이해하
기가 쉬울 거야.

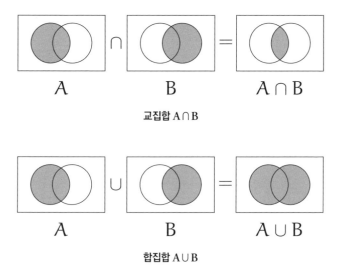

교집합 A∩B

합집합 A∪B

테트라 네, 잘 알겠어요. 교집합 A∩B는 양쪽이 겹친 부분이고,
합집합 A∪B는 양쪽을 합한 부분이죠.

나 교집합 A∩B는 양쪽이 겹친 부분이라고 볼 수도 있고, 집합
B에 속하는 원소 중, 집합 A에 속하는 원소만을 골라낸 것
이라고도 볼 수 있어.

테트라 아아, 그렇네요.

3-11 배반

나 자, 여기서 퀴즈 하나. 만일 집합 A와 B에 대해

$$A \cap B = \varnothing$$

이란 등식이 성립한다면 A와 B에 대해 어떻게 말할 수 있
을까?

테트라 음, 그러니까…겹친 부분, 집합 A와 B의 교집합이 공
집합 ∅과 같다는 말이고요. 교집합에 원소가 하나도 없다
는 말이네요.

테트라는 허공에 대고 두 손을 빙글빙글 돌리며 설명한다.

나 그래. 집합 A와 B가 모두 사건을 나타내고, A∩B = ∅이 성립할 때, 사건 A와 B는 서로 **배반**이라고 불러.

테트라 배반….

나 예를 들어, '주사위를 1번 던지는 실험'에서 A = {⚀, ⚁, ⚂}이고 B = {⚃, ⚄}일 때, 사건 A와 B는 서로 배반이 돼.

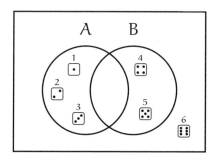

배반

사건 A와 B에 대해

$$A \cap B = \varnothing$$

이 성립할 때 사건 A와 B는 서로 **배반**이라 한다.

테트라 배반은 사건 A와 B가 같이 일어날 경우가 없다는 뜻이죠?

나 응, 맞아. A∩B = ∅ 이란 식이 성립할 때 집합 용어로 표현하면,

집합 A와 B의 교집합은 공집합과 같다

라고 말할 수 있어. 그리고 집합 A와 B가 사건을 나타낼 때, 사건의 용어로는

사건 A와 B는 서로 배반이다

라고 말할 수 있어. 모두 A∩B = ∅ 이란 식으로 표현할 수 있지.

물론 A ∩ B = { }라고 써도 마찬가지야.

테트라 집합… 용어?

나 그래. 확률에서 사건을 생각할 때, 사건 하나하나는 집합으로 표현돼. 사건을 생각할 때 집합의 도움을 빌리는 거지. 따라서 '사건 A와 B는 서로 배반이다'라는 사건의 용어를 A∩B = ∅ 라는 식으로 표현할 수 있어. 이것은 이른바 집합의 용어를 빌리는 거야.

테트라 집합의 용어와 사건의 용어… 역시 그렇군요!

나 확률에서는 '전체는 무엇인가?'를 생각하는 것도 중요하지만 그것은 전체사건을 생각하는 것에 해당돼. 사건은 집합으로 표현하기 때문에 **합집합**은 무엇인가를 생각하는 것이 중요해지거든.

테트라 합집합은 이 세상의 모든 것을 원소로 가지는 집합이란 뜻이에요?

나 아니, 달라. 그런 말이 아니라 지금 다루고 있는 집합 전체를 나타내는 집합이야. 그러니까 오히려 세상에서 일부를 떼어내 제약을 설정했다고도 할 수 있어. 이것이 전체다 하고 정한 거지.

테트라 아하… 생각해 보면 동전을 2번 던졌을 때의 전체사건은 {뒤뒤, 뒤앞, 앞뒤, 앞앞}이었어요. 세상 전체가 아니라요.

나 그렇지. 자, 여기서 합집합 U의 원소 중 집합 A에 속하지 않는 원소를 모두 모은 집합을 생각할 수 있어.

테트라 집합 A의 원소 이외의 모든 원소를 모은 집합…이군요.

나 응, 그래. 그 집합을 집합 A의 **여집합**이라 하고,

$$\overline{A}$$

라고 써. 여집합이 나타내는 사건은 여사건이라고 해.

테트라 모양틀 쿠키의 나머지이군요.

나 모양틀 쿠키?

테트라 쿠키를 굽기 전 납작하게 반죽을 밀어 금속 틀로 쿠키를 찍어내요. 쿠키가 집합 A라면 남은 반죽은 여집합 $\overline{A}$인거죠!

나 아하, 그렇네. 벤다이어그램도 딱 그런 느낌이야.

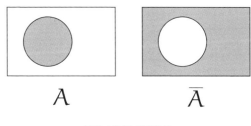

집합 A와 그 여집합 $\overline{A}$

테트라 그런데 여사건 $\overline{A}$는 사건 A가 일어나지 않는 사건인가요?

나 응, 맞아.

테트라 역시, 그렇군요. '일어나지 않는' 것이 '일어난다'고 해서 걸렸어요.

나 사건 A 이외의 경우가 일어날 사건이라고 생각하면 되지 않을까? 동전을 2번 던졌을 때를 구체적으로 생각하면 바로 알

수 있어. 예를 들어, 사건 A가

$$A = \{ 앞앞 \}$$

이라면 사건 $\overline{A}$는

$$\overline{A} = \{ 뒤뒤, 뒤앞, 앞뒤 \}$$

가 돼. '2번 모두 앞면이 나온다'라는 사건 A의 여사건 $\overline{A}$는 '적어도 1번은 뒷면이 나온다'라는 사건을 나타내.

테트라 아하, 역시. 그런데요, 전체사건의 여사건은 공사건이 죠! '반드시 일어나는' 사건이 전체사건이고 그 여사건은 '절대로 일어나지 않는' 사건이 돼요.

나 그래! 그건 식을 이용해서

$$\overline{U} = \varnothing$$

라고 쓸 수 있어. 그리고 공사건의 여사건이 전체사건인 것은

$$\overline{\varnothing} = U$$

라고 쓸 수 있어. 그리고 이런 식도 성립해.

$$A \cap \overline{A} = \varnothing$$

$$A \cup \overline{A} = \mathbb{U}$$

테트라 알겠어요. 이해했어요!

3-13 가법정리

나 실험, 사건, 확률, 확률분포를 확인하고 집합 계산도 복습했
으니 확률의 가법정리도 잘 이해할 수 있을 거야.

확률의 가법정리 (일반의 경우)

사건 A와 B에 대해

$$\Pr(A \cup B) = \Pr(A) + \Pr(B) - \Pr(A \cap B)$$

가 성립된다.

테트라 …

나 사건 $A \cup B$가 일어날 확률은 사건 A가 일어날 확률과 사건
B가 일어날 확률을 더하고 사건 $A \cap B$가 일어날 확률을 빼

면 얻을 수 있어.

테트라 저는 이것을 확률의 '합의 법칙'으로 기억하고 있었는데 가법정리가 맞는 건가요?

나 '합의 법칙'도 좋지만 이 등식은 확률의 정의에서 증명할 수 있는 정리니까 가법정리라고 한 거야.

테트라 증명이요?

나 응, 그래. 근원사건이 일어날 가능성이 동일할 때, 사건이 갖는 원소 수에 주목해서 확률을 구할 수 있어. 그것을 사용하면 확률의 가법정리는 증명할 수 있어. 다음과 같이 말이야.

$$\Pr(A \cup B) = \frac{|A \cup B|}{|U|} \qquad \text{확률의 정의로부터}$$

$$= \frac{|A| + |B| - |A \cap B|}{|U|}$$

$$= \frac{|A|}{|U|} + \frac{|B|}{|U|} - \frac{|A \cap B|}{|U|} \qquad \text{분수의 합으로 분해}$$

$$= \Pr(A) + \Pr(B) - \Pr(A \cap B) \qquad \text{확률의 정의로부터}$$

테트라 아, 그러니까….

나 천천히 읽어보면 어렵지 않아.

테트라 …아아, 식을 읽는 데 조금 혼란스러웠어요.

나 이 증명에서는 집합의 원소 수에 주목해서 가법정리를 증명하고 있어. 유한 집합의 원소 수에 대해

$$|A \cup B| = |A| + |B| - |A \cap B|$$

가 성립되는 것을 사용하고 있지.

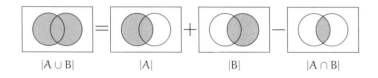

테트라 네, 알겠어요. $|A| + |B| - |A \cap B|$는 원소 수를 더하고 나서 겹친 부분의 원소 수를 빼주는 것이군요.

나 맞아. 이 원소 수 부분만 주의해서 읽으면 돼. 다음은 확률의 정의와 분수의 계산이야.

테트라 아하.

나 지금은 일반인 경우이고 그에 비해 배반의 경우, 가법정리는 다음과 같아.

확률의 가법정리 (배반의 경우)

사건 A와 B가 서로 배반일 때, 즉 $A \cap B = \varnothing$일 때,

$$\Pr(A \cup B) = \Pr(A) + \Pr(B)$$

가 성립된다.

테트라 이것도 증명할 수 있어요!

나 응, 앞의 예와 거의 동일해.

$$\Pr(A \cup B) = \frac{|A \cup B|}{|U|} \qquad \text{확률의 정의로부터}$$

$$= \frac{|A| + |B|}{|U|} \qquad \text{교집합이 원소를 갖지 않으므로}$$

$$= \frac{|A|}{|U|} + \frac{|B|}{|U|} \qquad \text{분수의 합으로 분해}$$

$$= \Pr(A) + \Pr(B) \qquad \text{확률의 정의로부터}$$

테트라 일반적일 때와의 차이는 뺄셈이 없는 것뿐이에요. 두 개의 집합 A와 B의 교집합은 원소를 가지지 않기 때문에

$$|A \cup B| = |A| + |B|$$

만으로 끝나요.

나 그렇지! 그대로야. 그러니까 A와 B가 서로 배반일 때, 합
사건 A∪B의 확률은 사건 A와 B 각각의 확률의 합이 된다
고 할 수 있어.

테트라 네, 맞아요.

나 그래서 A와 B가 서로 배반일 때는 '합사건의 확률은 확률의
합'이라고 말할 수 있어.

테트라 아아, 정말 그래요! 선형성(linearity) 배울 때 자주 나왔어
요. '합의 ○○은 ○○의 합'이죠. 미분과 적분….

나 다르게 표현하면 사건이 서로 배반인 것은 편리한 성질이라
고 할 수 있어. 다시 말해 합사건의 확률을 구할 때 각 사건
의 확률을 구하여 더하면 되니까.

$$\Pr(A \cup B) = \Pr(A) + \Pr(B) - \Pr(A \cap B) \quad \text{가법정리(일반의 경우)}$$
$$\Pr(A \cup B) = \Pr(A) + \Pr(B) \quad \text{기법징리(배반의 경우)}$$

테트라 네, 이해했어요.

나 확률의 곱셈법칙 이야기로 들어가자. 슬슬 조건부 확률이
나올 거야.

테트라 아아… 이제 슬슬.

나 조건부 확률을 다음과 같이 정의해.

조건부 확률

사건 A가 일어났다는 조건하에서

사건 B가 일어날 조건부 확률을 다음의 식으로 정의한다.

$$\Pr(B \mid A) = \frac{\Pr(A \cap B)}{\Pr(A)}$$

단, $\Pr(A) \neq 0$으로 한다.

테트라 ….

나 이 정의로부터 바로 확률의 곱셈법칙을 구할 수 있어.

확률의 곱셈법칙(일반의 경우)

사건 A와 B에 대해,

$$\Pr(A \cap B) = \Pr(A) \, \Pr(B \mid A)$$

가 성립한다.

단, $\Pr(A) \neq 0$으로 한다.

테트라 전 확률 중에서 이것이 가장 어려워요.

나 조건부 확률이?

테트라 네. $\Pr(B \mid A)$란 건 다음을 말하는 거죠?

> $\Pr(B \mid A)$는
>
> 사건 A가 일어났다는 조건하에서
>
> 사건 B가 일어날 조건부 확률

을 나타내는 거네요.

나 맞아, 그거야.

테트라 그런데, 저는 $\Pr(B \mid A)$가 무엇인지 말로 할 수는 있지만, 그 의미는 설명을 못하겠어요.

나 음, 조건부 확률은 어려워. 나도 처음에는 무엇을 말하는지 정확하게 이해가 되지 않았어.

테트라 기본적으로 Pr(A∩B)와 Pr(B│A)의 차이를 모르겠어요!

나 음.

테트라 Pr(A∩B)는 사건 A와 B 두 가지가 일어날 확률?

나 그래, 그건 맞아. 곱사건 A∩B는 집합의 교집합을 이용해서 나타낸 사건이야. 사건 A와 사건 B 둘 모두 일어날 사건을 나타내지. 그러니까 Pr(A∩B)는 사건 A와 B 두 가지가 일어날 확률이 되는 거야.

테트라 여기서 저는 혼란 자체예요.

- Pr(B│A)는 사건 A가 일어났다는 조건하에서 사건 B가 일어날 조건부 확률.
- Pr(A∩B)는 사건 A와 사건 B가 모두 일어날 확률.

이 두 가지가 저에게는 완전히 동일하게 보여요!

나 그건….

테트라 그래서 말이죠. 사건 A가 일어났다는 조건하에서 사건 B가 일어날 확률이란 건 결국 사건 A와 B 둘 모두 일어날 확률이란 게 아닌가요? 사건 A가 일어났다는 조건하에서는 사건 A는 일어났으니까!

테트라는 흥분한 듯 빠르게 말을 쏟아냈다.

나 테트라 기분은 잘 알겠어. 혼란스러운 건 말 때문이라고 생각해. '사건 A가 일어났다는 조건하에서'라는 말만으로는 이해하기 어려운 것도 무리가 아니야.

테트라 그러면 어떻게 이해하면 좋을까요?

나 '정의로 돌아가라'. 조건부 확률 $\Pr(B|A)$는 다음과 같이 정의하고 있어.

$$\Pr(B|A) = \frac{\Pr(A \cap B)}{\Pr(A)}$$

테트라 네….

나 분자 $\Pr(A \cap B)$와 분모 $\Pr(A)$를 각각 다음과 같이 써 보자.

$$\Pr(A \cap B) = \frac{|A \cap B|}{|U|}$$

$$\Pr(A) = \frac{|A|}{|U|}$$

테트라 네, 이건 읽을 수 있어요. 괜찮아요. 집합의 원소 수로 표현한 거죠?

나 이것을 이용해 조건부 확률도 집합의 원소 수로 나타내 보자.

$$\Pr(B \mid A) = \frac{\Pr(A \cap B)}{\Pr(A)} \qquad \text{조건부 확률의 정의로부터}$$

$$= \frac{\dfrac{|A \cap B|}{|U|}}{\dfrac{|A|}{|U|}} \qquad \text{분자와 분모를 집합의 원소 수로 나타냈다}$$

$$= \frac{\dfrac{|A \cap B|}{|U|} \times |U|}{\dfrac{|A|}{|U|} \times |U|} \qquad \text{분자와 분모에 } |U| \text{를 곱했다}$$

$$= \frac{|A \cap B|}{|A|} \qquad \text{약분했다}$$

테트라 네, 다음과 같은 식이 나왔어요.

$$\Pr(B \mid A) = \frac{|A \cap B|}{|A|}$$

나 이 식은 어쩌면 사건 A를 전체사건으로 간주한 확률처럼 보여. 모든 경우의 수가 $|A|$이고, 주목하는 경우의 수가 $|A \cap B|$인 거지.

테트라 사건 A를 전체사건으로 간주한 확률… 아하, 역시. 확실히 분모가 $|U|$가 아니라 $|A|$네요.

나 그리고 분자인 $|A \cap B|$은 집합 B에 속하는 원소 중 집합 A에 속하는 원소만을 선택했을 때의 원소 수를 나타내지.

테트라 아아, 역시! 분명히 집합 A의 원소만으로 전부를 생각하고 있어요! 집합 A에 속하지 않는 원소를 무시하고 확률을 생각하는 것처럼요!

나 조건부 확률도 확률인 게 확실하니까. '모든 경우의 수'만큼의 '주목하는 경우의 수'가 확률이 되지. 하지만 조건부 확률을 생각할 때 주의해야 할 것이 있어. 그 '모든 경우'가 항상 같지는 않다는 점을.

테트라 '모든 경우의 수'가 항상 같지만은 않다….

나 항상 합집합 U가 전부지만 집합 A를 모두라고 생각할 수 있어. 조건부 확률을 생각할 때의 '모든 경우'에는 '주어진 조건을 충족할 경우'라는 제한이 붙지. '주어진 조건을 충족하지 않는 경우'는 무시해. 보지 않아. 대상 밖으로 하는 거야. 집합 A라는 좁은 창을 통해 세계를 보게 되지.

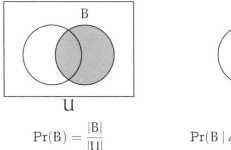

$$\Pr(B) = \frac{|B|}{|U|} \qquad \Pr(B \mid A) = \frac{|A \cap B|}{|A|}$$

테트라 역시, 역시! 토핑 B 중에, 모양틀 쿠키 A에 얹은 토핑 A∩B를 A만으로 생각한 것이 Pr(B|A)군요!

나 그래. 그림에서 보면 Pr(A∩B)와 Pr(B|A)의 차이도 명확하지. 분자는 같지만 분모가 달라.

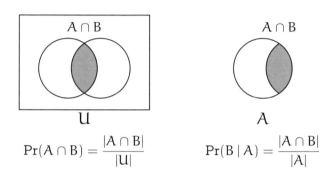

$$\Pr(A \cap B) = \frac{|A \cap B|}{|U|}$$

$$\Pr(B \mid A) = \frac{|A \cap B|}{|A|}$$

테트라 확실히 그렇네요.

나 조건부 확률에서는 확률을 구할 때의 '모든 경우'가 바뀌지. 조건부 확률을 생각할 때는 조건을 충족시키지 않는 경우를 배제한 후에 확률을 생각하면 되는 거야.

테트라 알 것 같아요! … 구, 구체적인 예제가 필요해요!

나 그러면 다음 문제를 생각해 보자.

●● **문제 3-1 (주사위 게임)**

주사위 게임을 한다. 나와 테트라가 공정한 주사위를 한 번씩 굴려, 나온 주사위 눈이 더 큰 사람이 이기는 것으로 한다. 같은 눈이 나오면 무승부다. '나와 테트라가 공정한 주사위를 1번씩 굴리는' 실험에 대해 사건 A와 B를 각각,

A = 내가 굴린 주사위가 ⚂이 나오는 사건

B = 테트라가 이기는 사건

으로 한다. 이때 $\Pr(A \cap B)$와 $\Pr(B|A)$를 각각 구하시오.

테트라 네, 설정은 알았어요. 선배가 주사위를 굴리고 저도 주사위를 굴려요. 더 큰 눈이 나온 사람이 이기죠. 실험과 사건도 알았어요.

나 확률을 구할 수 있겠어?

테트라 $\Pr(A \cap B)$는 괜찮아요. 선배 주사위가 ⚂이 나오고 제가

이길 확률이란 말이죠.

나 그래.

테트라 공정한 주사위이니까 경우의 수를 생각해야죠. 전체사
건 U는 선배의 눈과 저의 눈을 순서대로 나열해 나타내면
다음과 같아요.

$$U = \{ \ (1,1), (1,2), (1,3), (1,4), (1,5), (1,6),$$
$$(2,1), (2,2), (2,3), (2,4), (2,5), (2,6),$$
$$(3,1), (3,2), (3,3), (3,4), (3,5), (3,6),$$
$$(4,1), (4,2), (4,3), (4,4), (4,5), (4,6),$$
$$(5,1), (5,2), (5,3), (5,4), (5,5), (5,6),$$
$$(6,1), (6,2), (6,3), (6,4), (6,5), (6,6) \ \}$$

그런데 모든 경우의 수는

$$|U| = 6 \times 6 = 36$$

이죠.

나 그렇지.

테트라 선배 주사위가 ⚂이 나오는 사건 A도 구체적으로 나타
낼 수 있어요.

A = { ⚂⚀, ⚂⚁, ⚂⚂, ⚂⚃, ⚂⚄, ⚂⚅ }

경우의 수는 6가지예요.

나 사건 B도 나타낼 수 있겠어?

테트라 네, 제가 던진 주사위의 눈이 선배 주사위보다 큰 경우
에 제가 이기니까, 다음의 15가지가 되죠.

B = { ⚀⚁, ⚀⚂, ⚀⚃, ⚀⚄, ⚀⚅,

⚁⚂, ⚁⚃, ⚁⚄, ⚁⚅,

⚂⚃, ⚂⚄, ⚂⚅,

⚃⚄, ⚃⚅,

⚄⚅

}

나 이것으로 Pr(A∩B)은 이해했겠네.

테트라 A∩B라는 건 선배 주사위 눈이 3이 나오고, 제가 이기
는 사건이니까 제 눈은 4, 5, 6 중 어느 하나예요.
다시 말해

A ∩ B = { ⚂⚃, ⚂⚄, ⚂⚅ }

이 3가지가 되죠. 모든 경우의 수는 |U| = 36이므로 Pr(A∩B)

는 계산할 수 있어요.

$$Pr(A \cap B) = \frac{|A \cap B|}{|U|} = \frac{3}{36} = \frac{1}{12}$$

나 그럼, 슬슬 조건부 확률 $Pr(B|A)$로 들어가야겠네. 지금까지는 전체사건 U를 기준으로 생각했지만 여기에 조건을 붙여 보자. 사건 A, 즉 '내 주사위 눈이 3이 나왔다'라는 사건이 전체라는 조건이면 어떨까?

테트라 '선배의 주사위 눈이 3이 나왔다'라는 조건의 사건 A가 전체라면, 선배 주사위의 눈이 3이고 제 주사위 눈이 1에서 6까지 중 어느 하나이므로 원소는 6개예요!

$$A = \{ \overset{3}{\boxdot}\overset{1}{\boxdot}, \overset{3}{\boxdot}\overset{2}{\boxdot}, \overset{3}{\boxdot}\overset{3}{\boxdot}, \overset{3}{\boxdot}\overset{4}{\boxdot}, \overset{3}{\boxdot}\overset{5}{\boxdot}, \overset{3}{\boxdot}\overset{6}{\boxdot} \}$$

나 맞아! $|A| = 6$이야.

테트라 그 말은 분모가 36이 아니라 6이므로⋯ 이런 계산인가요?

$$Pr(B|A) = \frac{|A \cap B|}{|A|} = \frac{3}{6} = \frac{1}{2}$$

나 그래, 정답이야. 그리고 이것은 물론, 조건부 확률 $Pr(B|A)$

의 정의로 구한 값과 같아.

$$\Pr(B \mid A) = \frac{\Pr(A \cap B)}{\Pr(A)} = \frac{\frac{1}{12}}{\frac{1}{6}} = \frac{1}{12} \times \frac{6}{1} = \frac{1}{2}$$

테트라 아아, 저 겨우 조건부 확률 $\Pr(B \mid A)$의 정의가 왜 이렇게 되는지 뜻을 이해한 것 같기도 해요.

$$\frac{\Pr(A \cap B)}{\Pr(A)}$$

라는 확률의 비를

$$\frac{|A \cap B|}{|A|}$$

라는 원소 수의 비로 읽으면 이해할 수 있어요.

$$\Pr(B \mid A) = \frac{\Pr(A \cap B)}{\Pr(A)}$$

$$= \frac{|\{\,⚂⚃,\ ⚂⚄,\ ⚂⚅\,\}|}{|\{\,⚂⚀,\ ⚂⚁,\ ⚂⚂,\ ⚂⚃,\ ⚂⚄,\ ⚂⚅\,\}|}$$

$$= \frac{3}{6}$$

$$= \frac{1}{2}$$

나 확률 $\Pr(A \cap B)$와 조건부 확률 $\Pr(B|A)$의 차이도 이해했어?

테트라 네! $\Pr(A \cap B)$는 전체사건 U를 전체로 생각했을 때 $A \cap B$가 일어날 확률이에요. $\Pr(B|A)$는 사건 A를 전체로 생각했을 때 $A \cap B$가 일어날 확률이지요. 역시 여기서도 '전체는 무엇인가'를 생각하는 것이 중요하다는 사실을 알았어요!

●●● **해답 3-1 (주사위 게임)**

$$\Pr(A \cap B) = \frac{|A \cap B|}{|\mathsf{U}|} = \frac{3}{36} = \frac{1}{12}$$

$$\Pr(B|A) = \frac{|A \cap B|}{|A|} = \frac{3}{6} = \frac{1}{2}$$

나 $\Pr(A \cap B)$와 $\Pr(B|A)$의 차이는 이런 그림을 그려보면 잘 알 수 있어. 확실히 분모가 다르지.

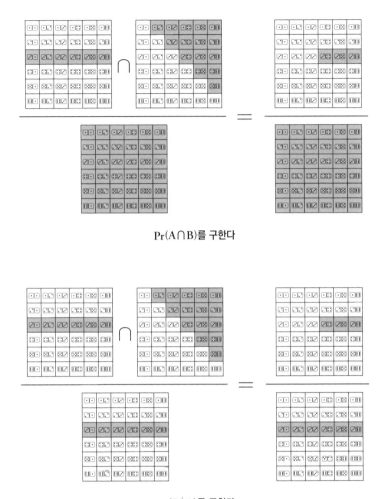

Pr(A∩B)를 구한다

Pr(B│A)를 구한다

테트라 역시! 이런 식으로 그림을 그리면 이해하기가 쉬워요.

나 익숙해질 때까지는 식으로만 생각하는 건 어려울 수 있어.

테트라 식이라면 조건부 확률의

$$Pr(B \mid A)$$

라는 표기법! 이것도 어려워요.

나 조건부 확률 $Pr(B \mid A)$을

$$P_A(B)$$

이렇게 쓰는 경우도 있어. 다시 말해, 조건을 붙인 사건 A를 첨자 형태로 나타낸 거지.

테트라 그런데 어느 쪽이 조건인지 알아보기 어려워요.

나 나는

$$Pr(B \mid A)$$

의 세로 바($\mid$)를 '단'이라고 읽어.

$Pr(B \mid A)$는,

사건 B의 확률이지만

'단', 사건 A가 일어났다는 조건이 붙지.

테트라 아아, 조건을 뒤에 붙인 이미지군요. 이 식은 영어로는 어떻게 읽을까요?

나 찾아볼까?

지금 우리가 있는 곳은 도서관이다. 찾아볼 책은 많다.

테트라 $\Pr(B\,|\,A)$는,

"the conditional probability of B given A"

라는데요. 세로 바는 '주어진(given)'인가요? 역시….

나 영어 어순으로 생각하면 쉽게 이해할 수 있을지 모르겠는데.

테트라 아, 서서선배! 저요, 발견했어요! $\Pr(B\,|\,A)$라는 조건부 확률은 사건 A를 전체로 생각했을 때의 확률이죠.

나 그런데?

테트라 $\Pr(B)$라는 확률은 전체사건 U를 전체로 생각한 확률이니까 이른바 $\Pr(B\,|\,U)$인거죠?

$$
\begin{aligned}
\Pr(B\,|\,U) &= \frac{\Pr(U \cap B)}{\Pr(U)} \qquad \text{조건부 확률의 정의로부터}\\[2mm]
&= \frac{\Pr(B)}{\Pr(U)} \qquad U \cap B = B\text{로부터}\\[2mm]
&= \frac{\Pr(B)}{1} \qquad \Pr(U) = 1\text{로부터}\\[2mm]
&= \Pr(B)
\end{aligned}
$$

테트라 조건부 확률도 단순한 확률이란 걸 알고 안심했어요. 조건이 붙은 사건만을 전체로 생각하고 구하는 확률인 거죠. 하지만 어째서 그런 까다로운 걸 생각할까요?

나 조건부 확률을 알아야 할 경우가 자주 있어.

테트라 그런가요?

나 응. 우리가 부분적인 정보를 알았을 때는 조건부 확률을 구해야 하지.

테트라 부분적인 정보를 알았을 때요?

나 예를 들어 이런 퀴즈*는 어때?

엘리스가 12장의 그림카드에서 1장을 뽑은 뒤, '검은색 카드가 나왔다'고 말했다. 이때, 카드가 실제로 ♠J일 확률은?

테트라 확률은…, 이건 $\frac{1}{12}$이 아니네요.

나 검은색 카드가 나왔다는 힌트. 다시 말해, 부분적인 정보를 얻었기 때문에 변할 수 있어.

테트라 알았어요! 검은색 카드라는 조건이 붙었다고 생각하는

---

* 문제 2-4(90쪽)과 동일

거죠! 그림카드 12장이 전체가 아니라 검은색 카드 6장이 전체예요. 그렇다면 구하는 확률은 $\frac{1}{6}$이에요!

나 그래, 맞아. 정답이야. 전체사건을 U, 검은색 카드가 나오는 사건을 A로 하고 ♠J이 나오는 사건을 B라고 했을 때 구하는 확률은 $\Pr(B|A)$가 되지. 그리고

$$\Pr(B|A) = \frac{|A \cap B|}{|A|}$$

$$= \frac{1}{6}$$

로 구할 수 있어.

테트라 부분적인 정보를 안다는 의미를 알았어요.

나 실제로 무슨 일이 일어나는지는 정확하게 모르지만 부분적인 정보를 얻는 경우는 자주 있는 일이지. 그런 때에는 얻은 힌트로 합집합을 좁혀가면 돼.

테트라 역시 그렇군요. 힌트로 합집합이 좁혀지니까 분모의 값이 변하네요.

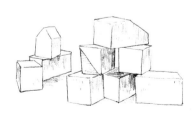

나 가법정리에서 배반의 경우를 생각했을 때와 마찬가지로 곱셈법칙에서도 특별한 경우를 고려하기도 해. 일반적인 경우 곱셈법칙 정리는 다음과 같았어.

확률의 곱셈법칙 (일반의 경우)

사건 A와 B에 대해

$$Pr(A \cap B) = Pr(A)\, Pr(B\,|\,A)$$

가 성립한다.

단, $Pr(A) \neq 0$으로 한다.

테트라 네, 그래요. 이것이 특별한 경우인가요?

나 2개의 사건이 **독립**인 경우지. 독립의 정의는 다음과 같아.

독립

사건 A와 B에 대해

$$Pr(A \cap B) = Pr(A)\, Pr(B)$$

가 성립할 때 사건 A와 B는 서로 **독립**이라 한다.

나 독립의 경우에 곱셈법칙은 다음과 같이 나타낼 수 있어. 이
   것은 독립의 정의로 생각하면 당연한 이야기야.

확률의 곱셈법칙 (독립의 경우)

서로 독립된 사건 A와 B에 대해

$$\Pr(A \cap B) = \Pr(A)\,\Pr(B)$$

가 성립한다.

테트라는 두 개의 곱셈법칙을 여러 번 비교해 본다.

테트라 마지막 부분이 달라요. $\Pr(B \mid A)$와 $\Pr(B)$요.

$$\Pr(A \cap B) = \Pr(A)\,\Pr(B \mid A) \qquad 곱셈법칙(일반의 경우)$$
$$\Pr(A \cap B) = \Pr(A)\,\Pr(B) \qquad 곱셈법칙(독립의 경우)$$

나 응, 일반적인 경우의 곱셈법칙은 $\Pr(A) \neq 0$이면 성립돼. 공
   통사건 A∩B가 일어날 확률은 $\Pr(A)\,\Pr(B \mid A)$와 같아. 원래
   조건부 확률 $\Pr(B \mid A)$를 그렇게 정의했기 때문이지.

테트라 네.

나 하지만 곱사건 A∩B가 일어날 확률이 $\Pr(A)\,\Pr(B)$와 같아진다고 하자. 사건 A와 B가 가진 이 성질을 독립이라고 하는 거야.

테트라 네에.

나 어때?

테트라 … 독립은 배반과 비슷한가요?

나 가법정리에서는 사건이 배반인지 아닌지가 중요하고 곱셈법칙에서는 사건이 독립인지 아닌지가 중요해져. 그런 의미에서는 비슷하지만 다른 개념이야.

테트라 배반인 2개의 사건은 '함께 일어나지 않는다'는 것을 쉽게 알 수 있어요. 하지만 독립은 알기 어려워요. 독립되어 있다…?

나 독립이란 말의 사전적 의미에 너무 집착하지 않는 편이 좋을 거야. 어디까지나 $\Pr(A \cap B) = \Pr(A)\,\Pr(B)$가 독립의 정의니까.

테트라 그렇지만, 뜻을 알고 싶어요….

나 그렇겠지. 사건 A와 B가 서로 독립이란 건, 사건 A와 B가 서로에게 영향을 주지 않는 상황을 나타낸다고 할 수 있어.

테트라 영향을 주지 않는다….

나 사건 A가 일어났다고 해도 사건 B가 일어났는지 아닌지 힌트가 되지 않는 상황… 이라고 할 수 있으려나.

테트라 힌트가 도움이 되지 않는, 그런 상황이 있을까요? 사건 A가 일어났다는 힌트로 전체 집합이 좁혀지잖아요.

나 주사위 게임을 구체적으로 생각하면 알 수 있어.

●● **문제 3-2 (주사위 게임)**

주사위 게임을 한다. '나와 테트라가 공정한 주사위를 한 번씩 굴리는' 실험에 대해 사건 C와 D를 각각,

C = 내가 굴린 주사위 눈이 ⚂이 나오는 사건

D = 테트라가 굴린 주사위 눈이 ⚄가 나오는 사건

이라고 한다. 이때,

$$Pr(C \cap D) = Pr(C)\, Pr(D)$$

이것을 증명하시오.

테트라 잠깐만 기다려주세요. 선배 주사위의 눈이 ⚂이 나올 것인가 아닌가는 제 주사위 눈이 ⚄가 나올 것인가 아닌가에는 아무런 영향도 없잖아요?

나 맞아, 네 말대로야! 내 주사위 눈이 ⚂이 나올지 어떨지는

테트라가 굴린 주사위 눈이 ⚄가 나올지 아닌지의 확률에
는 영향을 주지 않아. 그러므로 사건 C가 일어났다는 힌트
는 사건 D가 일어났는지 아닌지를 판단하는 데 도움이 되
지 않는 그 상황을,

$$\Pr(C \cap D) = \Pr(C)\,\Pr(D)$$

라는 식으로 나타냈다고 할 수 있어. 그리고 바로 그 아무런
영향도 없는 상황을 독립이라고 표현하는 거야.

테트라 역시…! 의미를 알 것 같아요.

나 2개의 사건이 독립되었다는 의미는 조건부 확률을 이용해
나타내면 좀 더 확실해져. 지금 $\Pr(C) \neq 0$라고 가정해 두자.
그리고 독립을 나타내는 식 $\Pr(C \cap D) = \Pr(C)\,\Pr(D)$을 이
용해 조건부 확률의 정의를 변형해 보는 거야.

$$
\begin{aligned}
\Pr(D \,|\, C) &= \frac{\Pr(C \cap D)}{\Pr(C)} \qquad \text{조건부 확률의 정의로부터} \\
&= \frac{\Pr(C)\,\Pr(D)}{\Pr(C)} \qquad \text{사건 C와 D가 독립인 것으로부터} \\
&= \Pr(D) \qquad \text{Pr(C)로 약분}
\end{aligned}
$$

테트라 사건 C와 D가 독립이라면 $\Pr(D \,|\, C) = \Pr(D)$가 성립

되나요?

나 그렇지. $\Pr(C) \neq 0$일 때, 사건 C와 D가 독립이라면,

$$\Pr(D \,|\, C) = \Pr(D)$$

가 성립해. 바꿔 말하면 사건 C와 D가 독립이면,

사건 C가 일어났다는 조건하에서

사건 D가 일어날 조건부 확률

이,

사건 D가 일어날 확률

과 동일하게 돼.

테트라 혹시, 이런 건가요? 사건 C가 일어났다는 조건을 붙이던 붙이지 않던 사건 D가 일어날 확률은 변하지 않는다….

나 맞아, 그 말이야!

테트라 이해했어요!

나 분명히 해 두기 위해 문제 3 2를 증명해볼까?!

테트라 네! 이 증명은 바로 할 수 있어요!

(증명) 사건 C, D, C∩D가 일어날 각각의 확률을 계산하면,

$$\Pr(C) = \frac{6}{36} = \frac{1}{6}$$

$$\Pr(D) = \frac{6}{36} = \frac{1}{6}$$

$$\Pr(C \cap D) = \frac{1}{36}$$

이 된다. 여기서

$$\frac{1}{36} = \frac{1}{6} \times \frac{1}{6}$$

이므로,

$$\Pr(C \cap D) = \Pr(C)\,\Pr(D)$$

로 나타낼 수 있다. (증명 완료)

나 주어진 힌트나 부분적인 정보가 도움이 되는가를 생각하는 데 있어 조건부 확률은 중요한 역할을 하고 있어.

"무엇이 전체인가를 결정하지 않았다면 절반이라 해도 의미가 없다."

부록:집합과 사건

집합 A   ←----→   사건 A

공집합 $\varnothing$ ←----→   공사건 $\varnothing$
절대로 일어나지 않는 사건

전체집합 U ←----→   전체사건 U
반드시 일어나는 사건

A와 B의 교집합 $A \cap B$ ←----→   A와 B의 곱사건 $A \cap B$
A와 B가 함께 일어나는 사건

A와 B의 합집합 $A \cup B$ ←----→   A와 B의 합사건 $A \cup B$
A와 B 중 적어도 어느 하나는
일어나는 사건

A의 여집합 $\overline{A}$ ←----→   A의 여사건 $\overline{A}$
A가 일어나지 않는 사건

제3장의 문제

● ● ● **문제 3-1 (동전을 2번 던지는 실험의 모든 사건)**

동전을 2번 던지는 실험을 생각할 때 전체사건 U는

$$U = \{앞앞, 앞뒤, 뒤앞, 뒤뒤\}$$

로 나타낼 수 있다. 집합 U의 부분집합은 모두 이 실험의 사건이 된다. 예를 들어, 다음의 3가지 집합은 모두 이 실험의 사건이다.

$$\{뒤뒤\}, \{앞앞, 앞뒤\}, \{앞앞, 앞뒤, 뒤뒤\}$$

이 실험에서 모든 사건의 수는 몇 개인지 구하고 그 전부를 나열하시오.

(해답은 p.358)

● ● ● **문제 3-2 (동전을 n번 던지는 실험의 모든 사건)**

동전을 n번 던지는 실험을 생각한다. 이 실험의 사건은 모두 몇 가지인가?

(해답은 p.360)

문제 3-3 (배반)

주사위를 2번 굴리는 실험을 생각한다. 첫 번째 나온 눈을 정수 a로 나타내고 두 번째 나온 눈을 정수 b로 나타낼 때, 다음의 ①~⑥에 제시된 사건의 조합 중 서로 배반인 것을 모두 나열하시오.

① $a = 1$이 되는 사건과 $a = 6$이 되는 사건

② $a = b$가 되는 사건과 $a \neq b$가 되는 사건

③ $a \leq b$가 되는 사건과 $a \geq b$가 되는 사건

④ a가 짝수가 되는 사건과 b가 홀수가 되는 사건

⑤ a가 짝수가 되는 사건과 ab가 홀수가 되는 사건

⑥ ab가 짝수가 되는 사건과 ab가 홀수가 되는 사건

(해답은 p.362)

문제 3-4 (독립)

공정한 주사위를 1번 굴리는 실험을 생각한다. 홀수 눈이 나오는 사건을 A라 히고 3의 배수인 눈이 나오는 사건을 B라고 했을 때, A와 B 두 사건은 독립인가?

(해답은 p.366)

● ● ● **문제 3-5 (독립)**

공정한 동전을 2번 던지는 실험을 생각한다. 동전의 뒷면과 앞면에는 각각 수 0과 1이 쓰여 있고, 첫 번째에 나온 수를 m, 두 번째에 나온 수를 n으로 표기했을 때 다음 ①~④에 제시된 사건 A와 B의 조합 중 서로 독립된 것을 모두 찾으시오.

① $m = 0$이 되는 사건 A와 $m = 1$이 되는 사건 B

② $m = 0$이 되는 사건 A와 $n = 1$이 되는 사건 B

③ $m = 0$이 되는 사건 A와 $mn = 0$이 되는 사건 B

④ $m = 0$이 되는 사건 A와 $m \neq n$이 되는 사건 B

(해답은 p.369)

● ● ● **문제 3-6 (배반과 독립)**

다음 질문에 답하시오.

① 사건 A와 B가 서로 배반이면
  사건 A와 B는 서로 독립이라고 할 수 있는가?

② 사건 A와 B가 서로 독립이면
  사건 A와 B는 서로 배반이라고 할 수 있는가?

(해답은 p.372)

문제 3-7 (조건부 확률)

다음은 2장의 문제 2-3(114쪽)이다. 이 문제를 실험, 사건, 조건부 확률 등의 용어를 사용해서 정리한 뒤에 풀어보자.

2개의 공정한 동전을 순서대로 던졌더니 적어도 1개는 앞면이 나 왔다. 이때, 동전 2개 모두 앞면일 확률을 구하시오.

(해답은 p.374)

12개의 그림카드를 잘 섞어 한 장을 뽑는 실험을 생각한다. 사건 A와 B를 각각,

$$A = \text{'♡가 나오는 사건'}$$
$$B = \text{'Q이 나오는 사건'}$$

이라고 하자. 이때, 다음의 확률을 각각 구하시오.

① 사건 A가 일어났다는 조건하에
   사건 A∩B가 일어날 조건부 확률 $\Pr(A \cap B \mid A)$
② 사건 A∪B가 일어났다는 조건하에
   사건 A∩B가 일어날 조건부 확률 $\Pr(A \cap B \mid A \cup B)$

(해답은 p.376)

제4장

생명과 관련된 확률

"가령 A로 보여도 실제로는 A가 아닌 경우가 있다."

독자 여러분에게 알려드리는 주의사항

이 장에서는 질병 검사가 예로 등장합니다. 질병과 검사의 명칭과 수치 등은 모두 가공의 것입니다.

이 장에 소개된 내용은 매우 중요하며 잘 이해할 필요가 있습니다. 그러나 이 장의 내용만을 토대로 의학적인 판단을 내려서는 안 됩니다. 이 책의 저자는 이하 전문가가 아닙니다.

의사와 같은 전문가는 이 장에서 다루는 수학적 내용뿐 아니라 다른 정보도 함께 종합적으로 판단합니다. 여러분이 의학적 판단을 해야 할 경우에는 의사와 같은 전문가에게 반드시 상담해주시기 바랍니다.

테트라 저요, 선배의 말이 생각났어요.

테트라가 불쑥 말을 꺼냈다.

나 내가 한 말? 뭐라고 했지?

테트라 '100번에 1번 일어난다'라고 표현한 거요.

나 '일어날 확률이 1%'라는 이야기 말이군. 유리가 말했었지.

테트라 '100번에 1번 일어난다'와 '일어날 확률이 1%'라는 말
은 완전히 같은 말은 아니죠?

나 응, 그렇지. 일어날 확률이 1%라도 100번에 1번 일어난다
고는 할 수 없어. 하지만 100번에 1번 일어나는 것이 비율의
이야기라면 그렇게 틀린 말도 아니지만.

테트라 비율 이야기요?

나 같은 조건에서 100만 번을 시도했다면 대략 1만 번 일어나
지. 실제로 100만 번은 시도할 수도 없고 엄밀하게 1만 번은
일어나지 않을 수도 있어. 하지만 만일 시도했다면 약 1%의
비율로 일어날 거야. '100번에 1번 일어난다'가 그런 의미니
까 그렇게 다르지 않다고 생각해.

테트라 시도할 수 없어도 만일 시도했다고 가정한다면….

나 응. 확률을 생각한다는 것은 전체에 대한 비율을 생각하는 것과 거의 같은 일이야. 예를 들어 한 사람이 100번 시도하지 않고 100만 명의 사람이 1번씩 시도했다고 하자. 그렇게 되면 1%의 확률로 일어나는 사건은 100만 명의 약 1% 사람 수, 다시 말해 약 1만 명에 대해 일어날 거야. 그것은 정확히 확률을 사람 수의 비율로 바꾼 것이 돼.

테트라 역시. 많은 실험 결과가 어디로 전개될지를 상상하면 되는 거군요. 횟수로 전개될지, 사람 수로 전개될지….

테트라는 그렇게 말하고 두 팔을 쭉 뻗었다.

나 응, 그래. 다음의 확률 문제를 생각해 보자.

4-2 질병 검사

한 국가에서 전체 인구의 1%가 질병 A에 걸렸다고 한다.

걸렸다　　　　**걸리지 않았다**

질병 A에 걸렸는지를 조사하기 위한 **검사 B**가 있다. 검사 결과는 **양성** 또는 **음성** 중 어느 한쪽이다.

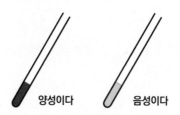

양성이다　　　　**음성이다**

또한 검사 결과의 확률은 다음과 같다고 한다.

- 걸린 사람을 검사하면 90%가 양성이다.
- 걸리지 않은 사람을 검사하면 90%가 음성이다.

국민 중에서 무작위로 뽑힌 사람이 이 검사 B를 받았을 때 검사 결과는 양성이었다. 이 사람이 질병 A에 걸렸을 확률을 구하시오.

테트라 네! 이건 답을 바로 알 수 있어요.

나 대단한데. 답은?

테트라 양성이므로 질병 A에 걸렸을 확률은 90%예요.

나 음, 그렇게 생각하고 싶지만 그건 매우 흔히들 범하는 오류야.

● ● **테트라의 해답 4-1 (질병 검사)**

이 사람이 질병 A에 걸렸을 확률은 90%이다. **(오류)**

테트라 네? 90%가 오답이라고요?

나 응, 틀렸어. 질병 A에 걸렸을 확률은 90%가 아니야.

테트라 90%가 아니라면….

테트라는 손톱 끝을 물면서 생각하기 시작했다.

나 ….

테트라 선배. 여러 가지로 확인해 봐도 괜찮을까요? 저는 아무래도 90% 같아요. 그러니까 제 생각의 어느 부분이 잘못되었는지 확인해 보고 싶어요.

나 좋아. 시작해 보자.

테트라 여기서 말하는 %는 일반적인 퍼센트죠?

나 물론이지. 퍼센트는 퍼센트.

테트라 그렇다면⋯ 이 문제에 나오는 '이 사람'이란 뭔가 특별한 사람이 아닌 거죠. 설마.

나 특별한 사람이라면?

테트라 예를 들어, 검사 B가 잘 듣지 않는 특별한 체질을 가지고 있는 그런 경우는 없겠죠?

나 그런 문제가 아니야. 이건 순수하게 확률의 문제야. '이 사람'은 한 국가에서 무작위로 선택한 사람이니까. 예를 들어, 국민 전원을 대상으로 공정하게 추첨을 해서 뽑은 사람이라고 생각해도 좋아.

테트라 ⋯.

나 그 사람은 질병 A에 걸렸거나 걸리지 않았거나 둘 중 하나이므로 검사 B에서 '양성'이나 '음성' 중 어느 하나의 결과가 반드시 나올 거야.

테트라 그래요. 그렇다면 무엇이 이상하죠? 이 검사 B는 90%로 정말로 옳은 검사를 하는 거예요.

나 검사 결과의 확률은 문제 4-1의 설정대로야.

검사 B에 의한 검사 결과의 확률 (문제 4-1에서 발췌)

⋮

- 걸린 사람을 검사하면 90%가 양성이다.
- 걸리지 않은 사람을 검사하면 90%가 음성이다.

⋮

테트라 그래요. 제 생각과 같아요.

나 테트라는 어떤 식으로 생각했어?

테트라 제 생각은 너무나 당연해요.

테트라의 생각 (오류가 포함되어 있다)

① 검사 B는 확률 90%로 올바른 검사를 실시한다.

② 그러므로 검사 결과가 양성이면, 90%의 확률로 질병 A에 걸린 것이다.

나 이런 '테트라의 생각'은 옳은 것처럼 보일 수 있어. 하지만 오류가 있어. ①은 의미를 잘 확인할 필요가 있고, ②는 완전히 오류이고.

테트라 이, 이상해요! 제에게 이 ①과 ②는 모두 한 점의 의혹도 없이 바르게 보이는 걸요!

나 테트라가 그렇게 오해한다면 세상 사람들 대부분도 그렇게 생각할 거야.

테트라는 천천히 두 손을 들어 얼굴을 감쌌다.

테트라 제 생각에 큰 맹점이 있나요?

나 '테트라의 생각'에 허점이 있는 건 금방 알 수 있어. '**조건을 모두 사용했는가?**'라는 폴리아(George Pólya)의 질문을 해보자.

테트라 '조건을 모두 사용했는가?'라면… 제가 무언가 간과했나요?

나 테트라는 앞부분에 나온 조건을 사용하지 않았어.

문제 4-1에서 발췌

한 국가에서 전체 인구의 1%가 질병 A에 걸렸다고 한다.

⋮

테트라 음, 아! 그럼 정답은 90%의 1%군요. 다시 말해, 올바른 확률은 0.9%인가요?

나 그것도 아니야. 그러니까, 테트라. 지금 그 답은 너무 즉흥적으로 말한 거 아니야?

테트라 네, 네. …글쎄요. 잘 생각해 보지 않았어요. 1%라는 수치를 보고 기계적으로 곱한 거예요. 아무 생각 없이 바로 대답하다니, 너무 부끄럽네요. 반성할게요….

4-3 올바른 검사의 의미

나 그래. 다시 잘 살펴보자. 테트라는 검사 B를 '90%의 확률로 바르게 검사한다'라고 표현했어.

테트라 네, 그래요.

나 그 '올바른 검사'라는 게 어떤 뜻이지?

테트라 올바른 검사란 질병 A에 걸린 사람을 대상으로 양성을 가리는 검사예요.

나 그것만으로는 충분하지 않아.

테트라 네?

나 올바른 검사를 생각할 때는 질병 A에 걸린 사람과 걸리지 않은 사람을 모두 생각하지 않으면 안 돼. 다시 말해…

- 걸린 사람은 양성으로 나타낸다.
- 걸리지 않은 사람은 음성으로 나타낸다.

… 이것이 올바른 검사야.

테트라 아, 확실히 그렇군요.

> **올바른 검사**
>
> ㉠ 질병 A에 걸린 사람에 대해서는 양성이 나온다.
>
> ㉡ 질병 A에 걸리지 않은 사람에 대해서는 음성이 나온다.

나 만일 ㉠만을 생각했다고 하자. 그러면 항상 양성이 나오는 허술한 검사 B′라도 올바른 검사가 되어 버려.

테트라 그 검사 B′는 질병에 걸린 사람이 받아도 걸리지 않은 사람이 받아도 항상 양성이 나오는 건가요? 그렇다면 아무 검사도 하지 않는 거잖아요.

나 그래, 검사 B′는 아무것도 검사하지 않았어. 아무 조사도 하지 않았는데 양성이란 결과가 나올 뿐이야. 하지만 검사 B′는 ㉠의 '질병 A에 걸린 사람에 대해서는 양성'이 나오는 검사로 되어 있지.

테트라 누구나 양성이 나오므로 질병 A에 걸린 사람에 대해서

도 양성이 나오겠네요. 확실히. 올바른 검사라고 할 때는 ㉠
과 ㉡ 두 가지 모두를 고려해야만 하겠군요.

나 그렇지.

테트라 저, 이건 변명으로 들리겠지만 저는 속으로는 ㉠과 ㉡
두 가지 모두를 생각하고 있었어요. 정말이에요. 하지만 ㉠
만 말해도 ㉡까지 말한 것이 될 거라고 잘못 생각했어요.

나 그렇지. 이건 확률과는 관계없이 자주 발생하는 오류야. '질
병 A에 걸린 사람에 대해 양성이 나온다'라는 주장은 질병 A
에 걸리지 않은 사람에 대해서는 아무 말도 하지 않아.

테트라 그런데 제가 문제 4-1의 답을 잘못 구한 원인이 이건
가요?

나 그래, 질병 A에 걸리지 않은 사람을 간과한 것은 바로 '전체
는 무엇인가'에서 실수를 한 것이 되니까.

테트라 그렇군요. 하지만 저는 그래도 무엇이 오류인지, 정답은
무엇인지 아직 잘 모르겠어요.

나 테트라는 '전체는 무엇인가'에서 또 한 가지 실수를 했어. 바
로 90%의 의미야.

테트라 90%의 의미라면….

나 아까는 올바른 검사의 의미를 알아보았으니까, 이번에는 90%의 의미를 확인해 볼까? 90%라는 건 무엇일까?

테트라 90%는 전체가 100일 때 90이 되는 비율이죠.

나 응, 그래. 90%는 전체를 100으로 했을 때 90이 되는 비율이야. 전체를 1로 했을 때 0.9가 되는 비율도 마찬가지이고. 전체를 1,000으로 했을 때 900이 되는 비율이라 해도 좋아.

테트라 네, 그래요.

나 그러니까 퍼센트가 나오면 꼭, 꼭, 꼭!

'전체는 무엇인가'

라고 의문을 가져야 해. 전체는 무엇인가, 무엇을 전체로 생각하는지 질문하는 거야. 전체, 다시 말해 100%가 무엇인지 모르면 %로 표현된 수의 의미도 전혀 알 수가 없으니까.

테트라 네, 그건 저도 이해하고 있어요. 퍼센트뿐 아니라 비율이 나왔을 때는 항상 그렇죠. 학교에서 비율을 배웠을 때 선생님도 귀에 못이 박힐 만큼 말하셨어요. 예를 들어, '8% 인하'라면 언제 가격을 100%로 했을 때의 이야기인지 '30% 할인'이라면 무엇을 100%로 볼 것인지, '반값 세일'이라면 원래 가격은 얼마일지를 생각하지 않으면 의미가 없어요.

나 뭐야, 모두 가격이네.

테트라 아, 예를 들면 그렇다는 말이에요.

나 농담이야, 미안. 어쨌든 '전체는 무엇인가'라고 질문을 해야 해.

테트라 네, 그런데 제가 문제 4-1에서 '전체는 무엇인가'를 오해한 건가요? 검사 B는 확률 90%로 올바른 검사를 하는 거죠. 전체는… 전체죠. 그리고 그중 90%가 올바른 검사 결과가 돼요. 틀렸나요?

나 여기서 말하는 전체를 음미할 필요가 있어. 검사 B에 의한 검사 결과의 확률은 다음과 같아.

검사 B에 의한 검사 결과의 확률 (문제 4-1에서 발췌)

⋮

- 걸린 사람을 검사하면 90%가 양성이다.
- 걸리지 않은 사람을 검사하면 90%가 음성이다.

⋮

테트라 네.

나 '걸린 사람을 검사하면 90%가 양성이다'라고 할 때 100%

는 무엇이 될까?

테트라 질병 A에 걸린 사람 전체가 100%이군요!

나 그렇지. 질병 A에 걸린 사람 전체를 대상으로 검사 B를 실시했어. 그러면 그중 90%가 양성이 된다고 할 수 있어.

테트라 네. 검사 B가 양성임을 나타낸다면 그것은 90% 바른 검사지만 그 90%는 어디까지나

질병 A에 걸린 사람을 전체로 했을 때

이군요. 국민 전체를 100%로 했을 때의 이야기가 아니라.

나 그리고, 질병 A에 걸린 사람 중 누군가 한 명에게 검사 B를 실시했다고 하자. 그러면 확률 90%로 양성이 나온다고 할 수 있어.

테트라 역시, 확실히 저는 '전체는 무엇인가'를 제대로 생각하지 않았어요. 문제 4-1의 국민 전체에게는 질병 A에 걸린 사람과 걸리지 않은 사람이 섞여 있어요. 섞여 있는 전체 중에서 랜덤으로 선택한 사람에게 검사 B를 했는데 양성이 나왔다….

나 그거야.

테트라 그, 그렇지만

- 질병 A에 걸린 사람 전체를 100%로 하고,

  검사 B에서 90%가 양성

- 질병 A에 걸리지 않은 사람 전체를 100%로 하고,

  검사 B에서 90%가 음성

이라면 둘 다 90%예요. 질병 A에 걸린 사람, 걸리지 않은 사람을 모두 생각하고 있어요! 그러니까 검사 B에서 양성이면 역시 확률 90%로 질병 A에 걸린 것으로 생각해도 어쩔 수 없어요. 아무래도….

나 응, 아무래도 그렇게 생각하게 되지.

테트라 이건 수학의 확률 계산이죠? 어떤 식을 세워야 하죠?

나 응, 확률 계산이야. 그렇지만, 많이 혼란스러운 상태니까 바로 식을 세울 게 아니라 우선 '전체는 무엇인가'를 생각해 보자. 그러기 위해서

구체적인 인원수를 생각

하기로 하자.

테트라 구체적인 인원수를 생각한다…. 예를 들어, '이 나라의 인구를 100명으로 한다'처럼요?

나 그렇긴 한데, 전체가 100명이라면 질병 A에 걸린 사람이

100 × 0.01 = 1명이 되니까 너무 적어.

테트라 그럼, 전체를 1,000명으로 해요!

나 그래. 이 나라의 인구를 1,000명으로 하고 문제 4-1을 읽자. 퍼센트가 나오면 구체적인 인원수로 고칠 거야. 그렇게 하면 단서를 찾을 수 있어.

4-5 1,000명으로 생각한다

테트라 해 볼게요! 우선 전체 인구를…

- 전체 인구를 1,000명으로 한다.
- 전체 인구 1,000명의 1%가 질병 A에 걸렸으므로,

$$\underbrace{1000}_{\text{전체 인구}} \times \underbrace{0.01}_{\text{1\%}} = \underbrace{10}_{\text{걸린 인원수}}$$

이고, 전체 인구 1,000명 중 걸린 사람은 10명이다.

- 전체 인구가 1,000명이므로

$$\underbrace{1000}_{\text{전체 인구}} - \underbrace{10}_{\text{걸린 인원수}} = \underbrace{990}_{\text{걸리지 않은 인원수}}$$

이고 전체 인구 1,000명 중 걸리지 않은 사람은 990명
이다.

- 걸린 사람을 검사하면, 90%가 양성이므로
  걸린 10명 전원을 검사하면

$$\underbrace{10}_{\text{걸린 인원수}} \quad \times \quad \underbrace{0.9}_{90\%} \quad = \quad \underbrace{9}_{\text{걸려서 양성인 인원수}}$$

이고 걸린 10명 중, 9명이 양성이 된다.

- 걸리지 않은 사람을 검사하면 90%가 양성이므로
  걸리지 않은 990명 전원을 검사하면

$$\underbrace{990}_{\text{걸리지 않은 인원수}} \quad \times \quad \underbrace{0.9}_{90\%} \quad = \quad \underbrace{891}_{\text{걸리지 않고 음성인 인원수}}$$

이고 걸리지 않은 990명 중, 891명이 음성이 된다.

나 많이 발전했는데.

테트라 전체 인구를 1,000명으로 가정해서 계산했기 때문에 문
제 4-1의 '퍼센트'라는 단위는 모두 '명'으로 바뀌었어요. 사
람들 대부분이 질병 A에 걸리지 않아 검사 B에서 음성이 나
왔어요. 전체 인구 1,000명 중 891명이니까요.

나 맞아. 전체적인 양상을 좀 더 확실하게 알기 위해….

테트라 표를 만드는 거예요!

나 그게 좋겠네. 그렇게 하면 오류가 적어질 거야.

4-6 표를 만든다

테트라 전체 인구를 1,000명으로 하면 인원수는 다음과 같아요.

- 질병 A에 걸린 사람은 10명

- 질병 A에 걸리지 않은 사람은 990명

- 질병 A에 걸렸고 검사 B에서 양성인 사람은 9명

- 질병 A에 걸리지 않고 검사 B에서 음성인 사람은 891명

이것을 표로 만드는 거군요?

나 응. 질병 A에 걸렸는지 아닌지, 검사 B의 결과가 양성으로 나오는지 아닌지를 분류한 표를 만들자. 그 표에서는

- 질병 A에 '걸렸다'와 '걸리지 않았다'

- 검사 B에서 '양성이다'와 '음성이다'

를 명확하게 구별하는 것이 중요해. 그래, 그래, 폴리아의

〈질문〉을 사용하자. '적당한 기호를 도입하라.'

- 질병 A에 걸린 것을 A로 나타내고,
  걸리지 않은 것을 Ā로 나타낸다.
- 검사 B의 결과가 양성인 것을 B로 나타내고,
  음성인 것을 B̄로 나타낸다.

테트라 과연. 다음과 같은 표가 돼요.

	양성 B	음성 B̄	합계
걸렸다 A	9		10
걸리지 않았다 Ā		891	990
합계			1000

나 그리고….

테트라 네, 아, 나머지도 간단히 채울게요!

	양성 B	음성 B̄	합계
걸렸다 A	9	1	10
걸리지 않았다 Ā	99	891	990
합계	108	892	1000

문제 4-1을 인구 1,000명으로 가정한 표

나 응응, 이것으로 우리는 문제 4-1의 전체를 보게 되었어. 어디까지나 인구를 1,000명으로 한 경우지만.

테트라 모든 인원수가 나오니까 구체적으로 쉽게 알 수 있어요.

나 그래. 문제 4-1을 풀기 위해 우리가 알아야 할 것은,

검사 B에서 양성이 나온 사람은 몇 명이고,

그중에 질병 A에 걸린 사람은 몇 명인가?

이 두 가지야. 이 표를 보면 그것을 바로 알 수 있어.

테트라 검사 B에서 양성인 사람의 합계는 9 + 99 = 108명이에요. 그리고 그 108명 중, 실제로 질병 A에 걸린 사람은 9명이고요. 그러므로,

검사 B에서 양성이 나온 사람은 108명이고,

그중 질병 A에 걸린 사람은 9명

이 되죠!

테트라는 방긋 웃으며 답했다.

나 그래서?

테트라 그래서요?

나 이로써 우리는 제대로 문제 4-1을 풀 수 있어.

검사 B에서 양성인 사람을 100%라고 했을 때,

그중 질병 A에 걸린 사람은 몇 %일까?

테트라 글쎄요. 검사 결과가 양성으로 나온 사람 중, 걸린 사람의 비율은

$$\frac{9}{108} = \frac{1}{12} = 0.0833\cdots$$

로, 약 8.3%이고⋯ 음, 어어어어어!?

나 그 비율이 확률이기도 해. 구하는 확률은

$$\frac{\text{양성이면서 질병 A에 걸린 인원수}}{\text{양성인 인원수}} = \frac{1}{12}$$

이 돼. 검사 결과가 양성이라고 나왔을 때, 실제로 걸린 확률은 약 8.3%라고 할 수 있어.

●●● 해답 4-1 (질병 검사)

한 국가에서 전체 인구의 1%가 질병 A에 걸렸다고 한다. 질병 A에 걸렸는지의 여부를 조사하는 검사 B가 있다. 검사 결과는 양성 또는 음성 둘 중 하나이다. 또한 검사 결과의 확률은 다음과 같이 알 수 있다고 한다.

- 걸린 사람을 검사하면, 90%가 양성이다.
- 걸리지 않은 사람을 검사하면, 90%가 음성이다.

국민 중에서 무작위로 뽑은 사람이 검사 B를 받았는데 검사 결과는 양성이었다. 이 사람이 질병 A에 걸렸을 확률은 $\frac{1}{12}$(약 8.3%)이다.

테트라 네?????????????

나 물음표가 꽤 많은데.

테트라 그게 좀 이상해요. 약 8.3%라는 건, 너무 적지 않나요! 아, 그런데 이건 1,000명이라고 생각했기 때문…인가요?

나 그렇지 않아. 인구가 몇 명이든 결과는 똑같아. 왜냐하면 전체 인구를 N명이라고 하면 앞의 표에 나오는 인원수가 모두 N / 1,000배가 될 뿐이니까. 인원수의 비를 구하면 역시 확률은 $\frac{1}{12}$로, 약 8.3%야.

테트라는 고개를 가로저었다.

테트라 왜냐하면, 저는 아까 걸릴 확률을 90%라고 생각했거든요!! 정답이 약 8.3%인데 90%라고 답하다니. 제가 **터무니없는 실수**를 한 거죠!

나 맞아. 이건 많은 사람이 틀리기로 유명한 문제야. 게다가 터무니없이 큰 오류를 범하기도 하지.

테트라 그…그건….

나 확률 계산을 잘못하면 이렇게 동떨어진 값이 나오게 돼. 무서운 이야기지. 이 문제 4-1은 어디까지나 가공의 문제지만, 이것과 비슷한 상황은 세상에 많을 거야. 어떤 병에 걸렸을 확률을 알고, 양성인지 음성인지를 알아보는 검사가 있어. 그리고 검사 결과가 양성으로 나왔다고 하자.

테트라 그 검사 결과를 보고 그 병에 걸렸는지 안 걸렸는지를 판단하는 거죠.

나 그렇지. 확률 계산을 못하면 약 8.3%를 90%로 착각하게 돼. 물론 현실 세계의 수치는 다르겠지만 생각은 같아.

테트라 그건 '생명'과 관련된 판단일지도 모르겠어요….

나 그래. 그래서 확률을 이해하는 건 굉장히 중요해. 실제로는 확률 계산뿐 아니라 많은 정보를 고려하겠지만 적어도 확률을 이해해 두는 건 필요해.

테트라 도대체 어디서 그렇게 큰 차이가 생겼을까요?

나 테트라의 오답과 정답을 비교해 보자.

테트라 90%와 약 8.3%를 비교하는 거예요?

나 응. '표로 생각하기'를 해 보자. 표 어디에 나오는지를 비교해 보는 거야.

4-8 표로 생각하기

테트라 네. 저는 처음에 90%라고 답했어요. 그건 걸린 사람의

90%가 양성이 나오기 때문이에요. 표에서 보면 여기예요.

	양성 B	음성 $\overline{B}$	합계
걸렸다 A	9	1	10
걸리지 않았다 $\overline{A}$	99	891	990
합계	108	892	1000

걸린 사람 중 양성이 나오는 사람은 90%

$$\frac{9}{9+1} = \frac{9}{10} = 0.9 = 90\%$$

나 그러네. 걸린 사람이 양성이 될 확률은 그 인원수 비율과 동일해.

테트라 하지만, 실제로 구해야 하는 건 이곳이죠.

	양성 B	음성 $\overline{B}$	합계
걸렸다 A	9	1	10
걸리지 않았다 $\overline{A}$	99	891	990
합계	108	892	1000

양성이 나오는 사람 중 걸린 사람은 약 8.3%

$$\frac{9}{9+99} = \frac{9}{108} = \frac{1}{12} = 0.833\cdots = 약 8.3\%$$

나 맞는 말이야. 테트라가 '전체는 무엇인가'를 크게 오해했다는 걸 확실히 알 수 있었어. 아, 미안.

테트라 아뇨, 선배 말이 맞아요. 저 아주 속이 시원해요. 제 생각의 '어느 부분'이 틀렸는지 확실히 하고 싶었어요!

나 자신의 잘못을 확인하고 수정하다니 정말 대단해.

테트라 이제 왜 올바른 확률이 약 8.3%로 작아지는지 알겠어요. 이 문제 4-1에서는 '걸리지 않았는데 양성이 나오는 99명'이 굉장히 많아요. 그건,

$$\frac{9}{9+99}$$

에서 99 때문이에요. 분모가 커지기 때문에 확률이 작아지는 거예요.

	양성 B	음성 B̄	합계
걸렸다 A	9	1	10
걸리지 않았다 Ā	**99**	891	990
합계	108	892	1000

걸리지 않았는데 양성이 나오는 99명

나 그렇지.

테트라 …네, 그리고, 여기가 커지는 이유는 애초에 질병 A에 걸리지 않은 사람이 너무 많기 때문이에요. 그러므로 만일 모든 사람을 검사한다면 걸리지 않았는데 양성이 나오는 사람이 많아지게 되죠.

나 과연, 가짜 양성이 많아지게 돼.

테트라 가짜 양성?

4-9 가짜 양성과 가짜 음성

나 가짜 양성. 다시 말해, 걸리지도 않았는데 양성이 나오는 것이 가짜 양성, 걸렸는데 음성이 나오는 게 가짜 음성이야. 올바른 검사 결과라고 할 수 있는 건 진짜 양성과 진짜 음성이야.

진짜 양성   걸렸고, 검사 결과가 올바르게 양성으로 나오는 경우

가짜 양성   걸리지 않았는데 검사 결과가 잘못되어 양성으로 나오는 경우

진짜 음성   걸리지 않았고, 검사 결과가 올바르게 음성으로 나

오는 경우

가짜 음성 걸렸는데도 검사 결과가 잘못되어 음성으로 나오는
경우

	양성 B	음성 $\overline{B}$
걸렸다 A	진짜 양성	가짜 음성
걸리지 않았다 $\overline{A}$	가짜 양성	진짜 음성

테트라 명칭이 정확히 있네요. 바른 결과가 나오는 것이 두 종
류인 것처럼 잘못된 결과가 나오는 것도 두 종류예요. 걸리
지 않은 사람 수가 많으면, 가짜 양성인 사람의 수도 많아져
요. 그때는 주의가 필요하겠죠.

나 주의가 필요하다… 그건 어떤 뜻이지?

테트라 주의가 필요하다는 말은 양성이라고 해서 걸릴 확률이
높은 건 아니라는 말이에요.

나 맞아. 하지만 현실 세계에 적용하기에는 꽤 어려울 것 같아.
자신이 양성으로 나왔어도 자신이 랜덤으로 뽑혀서 검사를
받았는지, 아니면 걸렸을지도 모른다는 의심이 강하게 들어
서 검사를 받았는지…, 그것에 따라 어떻게 판단해야 할지

기준이 달라지니까 말이야.

테트라 그건 그래요. 하지만 어떤 경우에도 확률의 이해가 중요하다는 사실을 알았어요.

나 사람들 모두를 검사하면 걸리지 않은 사람이 극단적으로 적기 때문에 가짜 양성은 많아지고 가짜 음성은 적어지게 돼. 뭐, 그건 당연하겠지?

테트라 생각해 봤는데요, 가짜 양성과 가짜 음성은 의미가 많이 달라요.

나 응?

테트라 가짜 양성은 실제로는 걸리지 않았는데 검사 결과가 양성으로 나온 거예요. 결과가 양성으로 나왔다면 진짜로 병에 걸렸는지 확인하기 위해 입원해서 자세한 검사를 받거나 적절한 치료를 받으면 되죠.

나 그렇지. 검사 결과가 양성이라고 해도 사실은 가짜 양성일수도 있으니까.

테트라 그에 비해 가짜 음성은 실제로는 걸렸는데 검사 결과가 음성으로 나온 거예요. 음성이 나왔다고 해도 잘 된 일이라고는 말할 수 없어요. 왜냐하면 사신은 걸리지 않았다고 믿고 안심하게 되니까요. 실제로는 병에 걸렸는데도 지나치게 되죠.

나 음, 질병에 걸렸다는 사실을 지나치지 않길 바라는 마음은
알겠는데.

테트라 가짜 음성보다 가짜 양성이 더 고맙죠. 가짜 음성은 좀
위험할 것 같아요.

나 그래. 하지만 가짜 양성도 위험해. 막상 걸리지 않았는데 입
원해서 이것저것 치료하는 일이 생길 수도 있으니까. 그런
상황을 고마워할 수는 없지. 게다가 가짜 양성으로 나온 사
람이 많다면 입원해서 자세한 검사를 해야 하는 사람이 많이
생길 수도 있어. 그것은 또 다른 문제를 낳게 될 거야. 단순
히 좋고 나쁘다고는 말할 수 없어. 그리고 애초에 가짜 양성
과 가짜 음성을 좋고 나쁘다는 식으로 비교해도 괜찮을까?

테트라 역시… 어렵네요.

4-10 조건부 확률

나와 테트라는 잠시 표를 들여다보았다.

나 표로 정리하면 전체적인 양상을 잘 파악할 수 있어.

테트라 네. 이 표에서 검사 B의 결과가 바르게 나온 부분은 여

기예요. 올바른 검사 결과가 나온 합계는 $9 + 891 = 900$명이
에요. 물론 1,000명의 90%죠.

	양성 B	음성 $\overline{B}$	합계
걸렸다 A	9	1	10
걸리지 않았다 $\overline{A}$	99	891	990
합계	108	892	1000

검사 B의 결과가 바르게 나온 부분

나 응, 맞았어.

테트라 저는 두 개의 비율을 구별하지 못했다고 할 수 있어요.

- 질병 A에 걸린 사람 중,

  검사 B에서 양성이 나오는 사람의 비율

- 검사 B에서 양성이 나오는 사람 중,

  질병 A에 걸린 사람의 비율

나 그건 두 가지 조건부 확률을 구별하지 못한 것이라고 할 수
있어.

- 사건 A가 일어났다는 조건하에서,

  사건 B가 일어날 조건부 확률, 다시 말해 $\Pr(B|A)$

- 사건 B가 일어났다는 조건하에서,

  사건 A가 일어날 조건부 확률, 다시 말해 $\Pr(A|B)$

테트라 네?

나 왜, 그렇잖아. $\Pr(B|A)$와 $\Pr(A|B)$의 차이야.

테트라 그, 그렇게 되는 건가요?

나 그래, 그럼 문제 4-1을 풀어보자. 다시 말해 어떤 **실험**을 한다고 볼 것인가. 그때 어떤 **사건**이 일어날까를 생각해 보는 거지.

테트라 네, 알았어요.

나 '표로 생각하기'와 함께 '식으로 생각하기'가 가능해.

한 국가에서 전체 인구의 1%가 질병 A에 걸렸다고 한다.

걸렸다   **걸리지 않았다**

질병 A에 걸렸는지를 조사하기 위한 **검사 B**가 있다. 검사 결과는 **양성** 또는 **음성** 중 어느 한쪽이다.

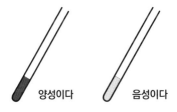

양성이다   음성이다

또한 검사 결과의 확률은 다음과 같다고 한다.

- 걸린 사람을 검사하면 90%가 양성이다.
- 걸리지 않은 사람을 검사하면 90%가 음성이다.

국민 중에서 무작위로 뽑힌 사람이 이 검사 B를 받았을 때 검사 결과는 양성이었다. 이 사람이 질병 A에 걸렸을 확률을 구하시오.

나 우선 실험부터 보자.

테트라 네. 이 문제에서는 '한 사람을 골라 검사 B로 조사하기'를 실험으로 볼 수 있어요.

나 그래. 우연이 지배하며 여러 차례 반복할 수 있는 주사위나 동전 던지기, 제비뽑기, 그리고 문제 4-1과 같이 무언가를 검사하는 것 등등 이것들은 모두 실험이라고 할 수 있어.

테트라 다음은 사건이에요. '한 사람을 골라 검사 B로 조사한다'라는 실험을 했을 때 일어나는 것이 사건이에요.

- '질병 A에 걸렸다'는 사건 A
- '질병 A에 걸리지 않았다'는 사건 $\overline{A}$
- '검사 B가 양성이다'는 사건 B
- '검사 B가 음성이다'는 사건 $\overline{B}$

라고 하면 되겠네요. '걸렸다'와 '걸리지 않았다'는 배반이고, '양성이다'와 '음성이다'도 배반이에요. 다시 말해 다음이 성립되죠.

$$A \cap \overline{A} = \varnothing$$
$$B \cap \overline{B} = \varnothing$$

나 이 경우에는 전체사건을 U로 해서 다음도 성립돼.

$$A \cup \overline{A} = U$$

$$B \cup \overline{B} = U$$

$\overline{A}$와 $\overline{B}$는 각각 A와 B의 여사건이니까.

테트라 이건 반드시 '걸렸다'와 '걸리지 않았다' 중 어느 하나이고, 반드시 '양성'과 '음성' 중 어느 하나라는 거군요.

나 이로써 A, $\overline{A}$와 B, $\overline{B}$ 사건을 나타냈으니까, 문제 4-1의 확률을 나열해 보자. **'무엇이 주어졌나?'**를 명확히 하는 거야. 예를 들어, '질병 A에 걸린 사람은 전체 인구의 1%'이니까,

$$Pr(A) = 0.01$$

이 돼.

테트라 앗, 제가 할게요. 인구의 비율을 확률로 바꾸는 거죠. 검사 B는,

㉠ 질병 A에 걸린 사람에 대해서
  확률 90%로 '양성'이 나온다.

라는 성질이 있어요. 이것은,

$$Pr(B \mid A) = 0.9$$

로 나타낼 수 있어요. 이것은

- 질병 A에 걸렸다는 조건하에서
  검사 B가 양성으로 나오는 조건부 확률이 90%

이니까요.

나 그래, 좋아. 이건 어때?

ⓛ 질병 A에 걸리지 않은 사람에 대해서
  확률 90%로 '음성'을 보인다.

테트라 할 수 있어요. 여사건을 사용하는 거죠.

$$\Pr(\overline{B}\,|\,\overline{A}) = 0.9$$

로 나타낼 수 있어요. 이건,

- 질병 A에 걸리지 않았다는 조건하에서
  검사 B가 음성이 나올 조건부 확률이 90%

이므로, A, $\overline{A}$, B, $\overline{B}$라고 쓰면 간단해요.

나 응, 그러니까 테트라는

- 사건 A가 일어났다는 조건하에서
  사건 B가 일어날 조건부 확률, 다시 말해 $\Pr(B\,|\,A)$

- 사건 B가 일어났다는 조건하에서

  사건 A가 일어날 조건부 확률, 다시 말해 $\Pr(A\,|\,B)$

이 두 가지를 오해하고 있었네.

테트라 네, 맞아요. 저는 $\Pr(B\,|\,A)$를 생각해서 90%라고 답했는데 실제로는 $\Pr(A\,|\,B)$여서 약 8.3%가 되죠. 이것으로 확실해졌어요!

4-11 미르카

우리가 대화를 나누고 있는 곳으로 **미르카**가 다가왔다.

미르카는 나와 같은 반 친구다.

나, 테트라 그리고 미르카, 우리 세 사람은 방과 후에는 늘 도서관에 모여 수학 토크를 즐기는 친구다.

미르카 오늘의 주제는 뭐야?

나 가짜 양성과 가짜 음성이야.

미르카 음, 조건부 확률인가?

미르카는 길고 검은 머리카락을 찰랑이며 노트를 들여다본다.

테트라 저, 계산은 했는데 조건부 확률이라는 걸 깨닫지 못했
어요.

미르카 조건이 바뀌지.

미르카는 금속 테두리의 안경 앞에서 V자를 그리며 그것을 슬
쩍 뒤집는다.

테트라 맞아요, 바로 그거예요! 수식이라면 $\Pr(B|A)$와 $\Pr(A|B)$
가 다르다는 사실을 깨닫기 쉽지만,

- 질병 A에 걸린 사람 중

  검사 B에서 양성이 나온 사람의 비율
- 검사 B에서 양성으로 나온 사람 중

  질병 A에 걸린 사람의 비율

이렇게 말로 표현할 때는 좀처럼 구별이 되지 않아요.

미르카 두 조건부 확률 $\Pr(B|A)$와 $\Pr(A|B)$는 다르지. 그럼, 이
둘은 어떤 관계일까?

테트라 어떤 관계…인가요?

나 어떤 관계라고 말하기에 애매하지.

미르카 그래? 그러면 문제 형태로 해보자.

4-12 두 개의 조건부 확률

●● 문제 4-2 (두 개의 조건부 확률)

$\Pr(A)$와 $\Pr(B)$와 $\Pr(B|A)$를 사용해서 $\Pr(A|B)$를 나타내시오.

테트라 $\Pr(A)$와 $\Pr(B)$와 $\Pr(B|A)$로 $\Pr(A|B)$를 나타낸다….

나 응?

나는 머릿속에서 수식을 떠올렸다…. 과연, 그럴까?

미르카 어때?

나 알았어. 어렵지 않은데.

테트라 음… 저도 알 수 있을까요?

미르카 테트라라면 조건부 확률의 정의로 바로 알 수 있을 거야.

나 '정의로 돌아가라'라는 말이군.

테트라 조건부 확률의 정의는 이렇죠.

$$\begin{cases} \Pr(A\,|\,B) = \dfrac{\Pr(B \cap A)}{\Pr(B)} \\[4mm] \Pr(B\,|\,A) = \dfrac{\Pr(A \cap B)}{\Pr(A)} \end{cases}$$

테트라는 잠시 말없이 정의를 노려본다. 그리고 노트에 뭔가를 적기 시작했다.

나는 조금 의외였다. 여기까지 썼다면 바로 대답할 수 있을 텐데. 하지만 그건 내가 이미 눈치챈 다음이기 때문일지도 모른다.

미지에 대한 도전은 새로운 길을 향한 도전이다. 그 첫걸음은 어렵다.

테트라 됐어요. 이거죠.

테트라는 우리에게 노트를 보였다.

나 이게 표를 도안화한 거야?

$$A = \begin{array}{|c|c|}\hline \blacksquare & \blacksquare \\\hline \square & \square \\\hline\end{array} \ , \quad B = \begin{array}{|c|c|}\hline \blacksquare & \square \\\hline \blacksquare & \square \\\hline\end{array} \ , \quad \mathsf{U} = \begin{array}{|c|c|}\hline \blacksquare & \blacksquare \\\hline \blacksquare & \blacksquare \\\hline\end{array}$$

테트라 네. 식을 생각하다 뒤죽박죽이 되어버렸기 때문에, 이렇게 그림으로 다시 생각해보기로 했어요.

$$A = \begin{array}{c}\ \ B\ \ \bar{B} \\ \begin{array}{c} A \\ \bar{A} \end{array} \begin{array}{|c|c|}\hline \blacksquare & \blacksquare \\\hline \square & \square \\\hline\end{array}\end{array} \ , \quad B = \begin{array}{c}\ \ B\ \ \bar{B} \\ \begin{array}{c} A \\ \bar{A} \end{array} \begin{array}{|c|c|}\hline \blacksquare & \square \\\hline \blacksquare & \square \\\hline\end{array}\end{array} \ , \quad \mathsf{U} = \begin{array}{c}\ \ B\ \ \bar{B} \\ \begin{array}{c} A \\ \bar{A} \end{array} \begin{array}{|c|c|}\hline \blacksquare & \blacksquare \\\hline \blacksquare & \blacksquare \\\hline\end{array}\end{array}$$

이것은 사건 A와 사건 B와 전체사건 U예요. 확률도 그렸어요.

$$\mathrm{Pr}(A) = \frac{\begin{array}{|c|c|}\hline \blacksquare & \blacksquare \\\hline \square & \square \\\hline\end{array}}{\begin{array}{|c|c|}\hline \blacksquare & \blacksquare \\\hline \blacksquare & \blacksquare \\\hline\end{array}} \ , \quad \mathrm{Pr}(B) = \frac{\begin{array}{|c|c|}\hline \blacksquare & \square \\\hline \blacksquare & \square \\\hline\end{array}}{\begin{array}{|c|c|}\hline \blacksquare & \blacksquare \\\hline \blacksquare & \blacksquare \\\hline\end{array}} \ , \quad \mathrm{Pr}(A \cap B) = \frac{\begin{array}{|c|c|}\hline \blacksquare & \square \\\hline \square & \square \\\hline\end{array}}{\begin{array}{|c|c|}\hline \blacksquare & \blacksquare \\\hline \blacksquare & \blacksquare \\\hline\end{array}}$$

나 과연. 확실히 이거 좋은데.

미르카 테트라는 조건부 확률도 이것으로 밀어붙일 생각이야? 즐거워 보이네.

테트라 네, 네. 그럼요! 전체사건으로 약분할 수 있어요.

$$\Pr(A \mid B) = \frac{\Pr(B \cap A)}{\Pr(B)} = \frac{\quad}{\quad} = \frac{\quad}{\quad}$$

$$\Pr(B \mid A) = \frac{\Pr(A \cap B)}{\Pr(A)} = \frac{\quad}{\quad} = \frac{\quad}{\quad}$$

나 확실히 뭔가 재미있어졌어.

테트라 이것으로 두 가지 조건부 확률을 구했어요.

$$\Pr(A \mid B) = \frac{\quad}{\quad} \ , \quad \Pr(B \mid A) = \frac{\quad}{\quad}$$

$\Pr(A)$과 $\Pr(B)$ 외에 역수 $\dfrac{1}{\Pr(B)}$도 만들었어요.

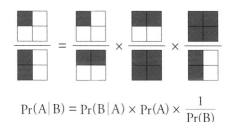

나머지는 잘 약분할 수 있게 조합만 하면 돼요!

$$\Pr(A\,|\,B) = \Pr(B\,|\,A) \times \Pr(A) \times \dfrac{1}{\Pr(B)}$$

이로써 답이 나왔어요. 제 생각에 이 답이 맞다고 생각해요!

미르카 정답.

나 아, 과연. 나는 이렇게 썼는데 같은 것이네.

●● **해답 4-2**

$$\Pr(A\,|\,B) = \dfrac{\Pr(A)\,\Pr(B\,|\,A)}{\Pr(B)}$$

테트라 확실히 똑같아요. 선배는 어떻게 계산했어요?

나 테트라가 써준 조건부 확률의 정의를 잘 보았어. 그랬더니 양쪽에 등장하는 것이 있더라고.

$$Pr(A \mid B) = \frac{Pr(B \cap A)}{Pr(B)}$$

$$Pr(B \mid A) = \frac{Pr(A \cap B)}{Pr(A)}$$

이 두 식은 같아. 왜냐하면, $B \cap A = A \cap B$니까. 그것을 알면 곱셈법칙을 이용해 식을 변형해 나가면 된다는 것을 알 수 있어.

$$Pr(A \mid B) = \frac{Pr(B \cap A)}{Pr(B)} \qquad \text{조건부 확률의 정의로부터}$$

$$= \frac{Pr(A \cap B)}{Pr(B)} \qquad B \cap A = A \cap B \text{로부터}$$

$$= \frac{Pr(A) \, Pr(B \mid A)}{Pr(B)} \qquad \text{곱셈법칙으로부터}$$

이로써,

$$\Pr(A|B) = \frac{\Pr(A)\,\Pr(B|A)}{\Pr(B)}$$

　　를 구했어.

테트라　어머, 그것만으로 되는군요. 저는 멀리 돌아왔네요.

나　그래도 재밌었어.

미르카　두 가지 조건부 확률에서 조건을 바꾸는 정리. 이것을
　베이스의 정리라고 해.

베이스의 정리

사건 A와 B에 대해 다음의 식이 성립한다.

$$\Pr(A|B) = \frac{\Pr(A)\,\Pr(B|A)}{\Pr(B)}$$

단, $\Pr(A) \neq 0$, $\Pr(B) \neq 0$으로 한다.

나　베이스의 정리…. 어디서 들어본 적 있어.

미르카　게다가 **전체 확률의 정리**를 사용하면 다음 식도 성립해.

$$\Pr(A|B) = \frac{\Pr(A)\,\Pr(B|A)}{\Pr(A)\,\Pr(B|A) + \Pr(\overline{A})\,\Pr(B|\overline{A})}$$

테트라 어, 아, 옛?

나 음, 이건?

테트라 저한테는 굉장히 어려운 식으로 보이는데 미르카 언니는 이걸 외우고 있어요?

미르카 베이스의 정리에서 분모 $\Pr(B)$를 전체 확률의 정리로 분해했을 뿐이야.

전체 확률의 정리

사건 A와 B에 대해 다음의 식이 성립한다.

$$\Pr(B) = \Pr(A)\,\Pr(B\,|\,A) + \Pr(\overline{A})\,\Pr(B\,|\,\overline{A})$$

단, $\Pr(A) \neq 0$, $\Pr(\overline{A}) \neq 0$으로 한다.

나 …과연, 이해했어.

테트라 저한테는 어려워요….

미르카 아니야. 지금의 테트라라면 이것도 바로 증명할 수 있을 거야.

테트라 그럴까요? 생각해 보겠습니다.[*]

---

[*] 문제 4-4(234쪽) 참조

"가령 A로 보이지 않아도 실제로는 A인 경우가 있다."

제4장의 문제

검사 B′는 검사 결과가 항상 양성으로 나오는 검사이다(194쪽 참조). 검사 대상인 u명 중, 질병 X에 걸린 사람의 비율을 p로 한다 (0 ≦ p ≦ 1). u명 전원이 검사 B′를 받았을 때 ㉠~㉯의 인원수를 u와 p를 사용해 적고, 표를 채우시오.

	걸렸다	걸리지 않았다	합계
양성	㉠	㉡	㉠ + ㉡
음성	㉢	㉣	㉢ + ㉣
합계	㉤	㉥	u

(해답은 p.380)

문제 4-2 (출신 학교와 남녀)

한 고등학교의 반에는 학생이 남녀 모두 합해서 u명 있으며, 학생은 모두 A중학교와 B중학교 중 한 학교 출신이다. A중학교 출신 a명 중 남성은 m명이다. 또, B중학교 출신인 여성은 f명이다. 반 전체에서 제비뽑기로 1명을 뽑았는데 남학생이었다. 이 학생이 B중학교 출신일 확률을 u, a, m, f로 나타내시오.

(해답은 p.381)

문제 4-3 (광고 효과 조사)

광고 효과를 조사하기 위해 고객에게 '광고 시청 여부'를 묻고 남녀 합쳐 u명으로부터 대답을 구했다. 남성 M명 중 광고를 본 사람은 m명이었다. 그리고 광고를 본 여성은 f명이었다. 이때, 다음 p_1, p_2를 각각 구하고 u, M, m, f로 나타내시오.

① 여성 중 광고를 보지 않은 고객의 비율 p_1

② 광고를 보지 않은 고객 중 여성의 비율 p_2

p_1과 p_2는 0 이상 1 이하이 실수로 힌다.

(해답은 p.383)

●●● **문제 4-4 (전체 확률의 정리)**

사건 A와 B에 대해 $\Pr(A) \neq 0$, $\Pr(\overline{A}) \neq 0$이라면 다음 식이 성립함을 증명하시오.

$$\Pr(B) = \Pr(A)\,\Pr(B \mid A) + \Pr(\overline{A})\,\Pr(B \mid \overline{A})$$

(해답은 p.385)

●●● **문제 4-5 (불합격품)**

두 개의 공장 A_1, A_2가 있다. 두 곳 모두 같은 제품을 만들고 있다. 생산량의 비율은 공장 A_1, A_2에 대해 각각 r_1, r_2이다 ($r_1 + r_2 = 1$). 그리고 공장 A_1, A_2의 제품이 불합격품일 확률은 각각 p_1, p_2이다. 제품 전체에서 무작위로 한 개를 골랐을 때 그 제품이 불합격품일 확률을 r_1, r_2, p_1, p_2를 사용해 나타내시오.

(해답은 p.388)

수많은 상품 중 품질 기준을 충족하는 적합품은 98%이고 부적합품은 2%이다. 검사 로봇에게 부품을 주면 GOOD 또는 NO GOOD 중 하나의 검사 결과가 다음의 확률로 나온다고 한다.

- 적합품이 주어진 경우,

  검사 결과는 90%의 확률로 GOOD이 나온다.

- 부적합품이 주어진 경우,

  검사 결과는 70%의 확률로 NO GOOD이 나온다.

무작위로 선택한 부품을 검사 로봇에게 주었더니, 검사 결과는 NO GOOD이었다. 이 부품이 실제로 부적합품일 확률을 구하시오.

(해답은 p.390)

제5장

미완의 게임

"미래는 미지이지만 완전한 미지는 없다."

여기는 고등학교 도서관. 지금은 방과 후 시간이다.
내가 수학 공부를 하고 있는데 테트라가 다가왔다.
걸으면서 손에 든 종이를 열심히 읽고 있다.

나 테트라?

테트라 아, 선배! 무라키 선생님이 문제를 내셨어요!

테트라는 내 옆에 앉아 '카드'의 문제를 읽는다.

무라키 선생님의 '카드'

A와 B 두 사람이 공정한 동전을 연속해서 던지는 게임을
한다. 처음에는 두 사람 모두 점수는 0점이다.

- 앞면이 나오면 A의 점수가 1점 올라간다.
- 뒷면이 나오면 B의 점수가 1점 올라간다.

3점을 먼저 얻는 쪽이 승리하고, 승자는 상금을 모두 가져
간다. 그런데….

나 아아, '**미완의 게임**'이구나. 유명한 확률 문제야.

테트라 아, 아직 문제는 다 나오지 않았어요.

나 아, 미안해. 끝까지 잘 들을게.

테트라 네, 그럼 다시 한 번….

무라키 선생님의 '카드' (전문)

A와 B 두 사람이 공정한 동전을 연속해서 던지는 게임을 한다. 처음에는 두 사람 모두 점수는 0점이다.

- 앞면이 나오면 A의 점수가 1점 올라간다.
- 뒷면이 나오면 B의 점수가 1점 올라간다.

3점을 먼저 얻는 쪽이 승리하고, 승자는 상금을 모두 가져간다. 그런데 게임을 중단하게 되어 상금을 A와 B 둘이서 나누게 되었다. 중단된 시점에서,

- A의 점수는 2점이다.
- B의 점수는 1점이다.

A와 B는 각각 얼마만큼의 비율로 상금을 받는 것이 적절할까?

나 응, 역시 '미완의 게임' 문제네.

테트라 그렇게 유명한 문제예요?

나 그럼, 확률을 수학적으로 분석하려고 했던 역사적인 문제니까. '미완의 게임' 문제, **메레***의 문제, 점수 문제 등 다양한 이름으로 불리지.

테트라 오호, 그렇군요.

나 메레는 도박사였어. 이 문제와 본질적으로 같은 문제를 친구 **파스칼***에게 물어보았지.

테트라 파스칼에게 확률 계산을 부탁한 거네요?

나 그렇긴 한데 확률 계산이라고 부르지는 않았을 거야.

테트라 어째서요?

나 수학적 의미의 '확률'이란 말은 파스칼 시대에는 아직 없었기 때문이야.

테트라 아아!

나 다시 말해 운이나 우연이란 것을 어떻게 하면 계통을 세워 생각할 것인가, 당시에는 아직 확실하지 않았어. 파스칼은 답을 할 수는 있었지만 불안해서 **페르마***에게 편지를 썼어.

---

* 슈발리에 드 메레, Chevalier de Méré
* 블레즈 파스칼, Blaise Pascal(1623~1662)
* 피에르 드 페르마, Pierre de Fermat(1607~1665)

그때 주고받은 편지가 확률이란 수학이 태어나는 데 큰 밑거름이 되었어. 나도 이 정도밖에는 몰라.[*]

테트라 페르마라면 그 페르마요?

나 그래, '페르마의 마지막 정리(Fermat's Last Theorem, FLT)'의 그 페르마야.

테트라 이게 그렇게 대단한 문제였군요.

나 응, 확률이라는 개념이 확실히 정비되어 있지 않을 때 확률에 대해 생각하기는 힘들었을 거야. 하지만 이 문제는 약간의 확률을 배운 우리에게 크게 어렵지는 않아.

테트라 네, 저도 아까 확률을 생각했어요.

나 그런데, 지금 이대로라면 수학 문제로서 어려운 점이 있을까? 특히, 이 부분 말이야.

A와 B는 각각 얼마만큼의 비율로 상금을 받는 것이 적절할까?

테트라 어려운 점이라면?

나 상금을 어떻게 나누는 것이 적절할까? 이대로는 아직 수학

---

[*] 《끝나지 않은 게임(The Unfinished Game)》 참조

문제로 풀 수 없을 거야. '적절'이 무슨 뜻인지 정의를 해야
하니까. 물론 '무엇이 적절한가?'까지 포함해서 생각하는 건
현실 문제로서 의미가 있겠지만.

테트라 전… 잘 모르겠어요.

5-2 다양한 분배 방법

나 아니, 그렇게 어려운 얘기는 아니야. 게임을 중단했을 때 A
와 B의 점수는 각각 2점과 1점이었어. 게임 규칙은 3점을 먼
저 딴 사람이 이겨서 상금을 모두 받는 거야. 하지만 두 사람
모두 아직 3점은 얻지 못했어.

테트라 네…,

- 2점을 딴 A는 앞으로 1점만 더 얻으면 이긴다.
- 1점을 딴 B는 앞으로 2점만 더 얻으면 이긴다.

라는 것이죠.

나 이 상황에서 상금을 어떻게 나누는 게 '적절'한지 묻고 있
지만, 상금의 분배 방법은 하나만은 아니야. 예를 들어, 높
은 점수를 얻은 A는 상금 모두를 갖겠다고 주장할지도 몰라.

242

> **점수가 높은 사람이 상금을 모두 갖는 방법 (A의 주장)**
>
> 나(A)는 2점을 얻었다. 너(B)는 1점밖에 얻지 못했다. 여기서 중단한다면 점수가 높은 내가 상금을 모두 갖는 것이 '적절'한 방법이다.

테트라 아, 그런데 그건 너무해요. 중단 없이 게임을 계속했다면 동전의 뒷면이 2번 연달아 나올 수도 있어요. 그러면 B는 1점에 2점을 더해서 3점을 먼저 얻어 이기게 돼요. 다시 말해, B가 상금을 모두 가지는 미래일 수도 있어요. **미래는 어떻게 될지 알 수 없으니까**, 중단한다고 해서 A가 상금을 독차지하는 건 좀 심하죠!

나 물론, 그렇지. 하지만 A의 주장도 이해할 수 있어.

테트라 그렇긴 하지만….

나 응, 게다가 점수가 높은 사람이 상금을 모두 가져가는 건 분배 방법으로는 문제가 있어. 만약 중단할 때 동점이라면 어떻게 하지? 동점이라면 점수가 높은 사람이 정해지지 않았기 때문에 상금을 분배할 수 없어.

테트라 중단할 때 만일 동점이라면 절반씩 분배, 다시 말해 정확히 반씩 나눠 갖는 방법이 좋아요.

나 응, 그렇지. 그건 지금까지 얻은 점수의 비율로 상금을 나눠주는 것으로 생각할 수 있어. 그래서 B는 이렇게 주장할 수도 있어.

점수의 비율로 분배하는 방법 (B의 주장)

너(A)는 2점을 얻었다. 나(B)는 1점을 얻었다. 지금까지 얻은 점수의 비율로 상금을 분배하자. 다시 말해 A : B = 2 : 1로 분배하는 것이다. 너는 상금의 $\frac{2}{3}$를 가지고, 나는 상금의 $\frac{1}{3}$을 갖는다. 이것이 '적절'한 방법이다.

테트라 이 주장에는 반박하기가 어려워요. 왜냐하면 확실히 A는 2점, B는 1점을 얻었어요. 그건 변함없는 사실이에요. 그 변함없는 사실을 근거로 분배하려는 것이니까요. 게다가 점수가 많은 사람이 이길 가능성이 높고요.

나 그런데 말이야, 점수의 비율로 분배하는 방법에도 문제는 있어. 만일 A가 2점, B가 0점으로 중단된다고 하자. 이 경우, A가 $\frac{2}{2}$로 상금을 모두 차지하고, B는 $\frac{0}{2}$으로 상금을 받을 수 없어. 이것도 문제가 있어. 만일 중단하지 않고 계속했다면 0점이었던 B가 그때부터 이길 가능성도 있으니까.

테트라 그러고 보니 그렇네요. 역시 '적절'을 명확하게 규정하지 않으면 안 되겠어요.

니 조금 전부터 우리는 '이길 가능성'을 생각하고 있어. 우리는 '게임을 계속하면 이길 가능성이 높은 사람'이 많은 상금을 받는 게 낫다는 생각이지.

테트라 네, 그렇죠.

니 그렇게 보면 A가 이길 확률과 B가 이길 확률을 각각 계산해서 이길 확률로 상금을 분배하는 방법도 생각할 수 있어.

이길 확률로 분배하는 방법

게임을 중단하지 않고 계속했을 때 A가 이길 확률을 $\Pr(A)$라고 하고, B가 이길 확률을 $\Pr(B)$라고 한다. 그리고 이길 확률에 맞춰 상금을 분배한다.

즉, A와 B가 받는 상금은 각각,

$$상금액 \times \Pr(A) \text{와} \; 상금액 \times \Pr(B)$$

로 한다.

테트라 확률에 따른 분배는 이해하겠어요. 그렇다면,

$$상금액 \times \frac{\Pr(A)}{\Pr(A) + \Pr(B)} \text{와} \; 상금액 \times \frac{\Pr(B)}{\Pr(A) + \Pr(B)}$$

로 나눌 수 있지 않을까요?

나 그렇긴 한데 $Pr(A) + Pr(B) = 1$이니까 같은 거지.

테트라 아, 그렇군요. 전체 상금액에 이길 확률을 곱한 금액을 받으면 된다고 직관적으로는 알겠어요. 하지만 그것이 '적절'하다는 근거는 어디에서 찾을 수 있죠?

나 응응, 그렇게 생각하는군. 우선 확률로 분배하는 방법이 현실 세계에서 유일한 방법이 아니란 건 확실하겠지. 무엇이 '적절'한가는 게임 당사자가 정할 약속이니까.

테트라 네, 그래서 역시나 근거가 궁금해요.

나 그래. 확률은 말하자면, 일어날 수 있는 미래를 예상하는 거야.

테트라 일어날 수 있는 미래를 예상한다?

나 응, A가 이길 확률 $Pr(A)$나 B가 이길 확률 $Pr(B)$는 어떤 것인지 생각해 보자. 게임을 중단했을 때의 상황은 'A가 2점, B가 1점'이었어. 이 상황을 '시작 시점'이라고 부르자. '시작 시점'에서 게임을 시작했다면 A가 이길 미래도 있고 B가 이길 미래도 있어.

테트라 네. 미래는 어떻게 될지 몰라요.

나 그래도 승부가 난 뒤에 다시 한 번 '시작 시점'으로 되돌아가서 게임을 시작하는 거야. 물론 'A가 2점, B가 1점'이라는 상황에서 시작하는 거지. 또 승부가 난 뒤, 다시 '시작 시점'으로 되돌아가. 몇 번이고 몇 번이고 되돌아가. 그리고 승리하는 수를 예상해. A가 이길 미래와 B가 이길 미래는 어떤 비율이 될까?

테트라 '몇 번이고 몇 번이고 (시작 시점)으로 돌아간다···. 이건 시간을 되돌린다는 뜻인가요?

나 그런 뜻이야. 물론 실제로 SF와 같은 타임 리프(time leap)는 불가능하니까 어디까지나 이건 상상의 이야기지만. 우리가 확률을 생각할 때는 반드시 반복이 될 거야. 정확히 우리가 반복해서 동전이나 주사위를 던지는 것과 마찬가지로 '시작 시점'으로 되돌아가서 게임을 시작했다고 생각하는 거지.

테트라 과연···, 선배. 저, 생각해 보았는데요. '시작 시점'에서 승부가 날 때까지를 하나의 '실험'으로 볼 수 없을까요?

나 맞아, 그거야! '시작 시점'에서 동전을 몇 번인가 던져 A와 B의 승부를 결정짓는다는 것은 이른바 '승자가 한 방에 결정되는 특별한 동전을 1번 던지는 실험'으로 볼 수 있어. 특별한 동전은 A와 B 두 가지 면을 가지고 있어서 꼭 어느 한 면이 나오지. 단, 이 특별한 동전은 공정한 동전이 아니야. A가 나올 확률은 Pr(A)고 B가 나올 확률은 Pr(B)가 돼. 이런 특별한 동전을 생각하는 거야.

테트라 역시! 그렇게 생각하면, '게임을 중단하고 상금을 A와 B가 어떻게 분배할 것인가'는 '특별한 동전을 던져 A와 B가 나올 가능성이 얼마나 높은가'와 관련이 있어요.

나 그렇지. 시간을 넘어 '시작 시점'에 몇 번이고 돌아가는 것 이외의 생각도 있어. '시작 시점'에서 일어날 수 있는 모든 가능성의 세계를 복제해서 만들어. 그리고 여러 세계 가운데 A가 이길 가능성이 몇 %인지를 생각하는 거야. 이것도 SF 같긴 하지만.

테트라 네, 하지만 상상하기는 쉬워요. 상금을 여러 세계에서 분배하면, A가 이긴 세계에서는 A가 받고 B가 이긴 세계에서는 B가 받아요. 이건 확률을 비율로 생각하고 상금을 분배하는 거죠.

나 그게 바로 확률분포의 유래니까.

테트라 어머나!

나 만약 이길 확률로 분배하는 것을 '적절'하다고 인정한다면 여기서부터는 확률 문제로 풀 수 있어.

A와 B 두 사람이 공정한 동전을 반복해서 던지는 게임을 한다. 처음 점수는 두 사람 모두 0점이다.

- 앞면이 나오면 A의 점수가 1점 올라간다.
- 뒷면이 나오면 B의 점수가 1점 올라간다.

3점을 먼저 얻은 사람이 승리하고 승자는 상금을 모두 차지한다. 하지만 게임을 중단하게 되어 상금을 A와 B 두 사람이 나누게 되었다. 중단된 시점에서,

- A의 점수는 2점이다.
- B의 점수는 1점이다.

A가 이길 확률 $\Pr(A)$와 B가 이길 확률 $\Pr(B)$를 각각 구하시오.

테트라 아, 그렇군요.

나 문제 5-1에서 얻을 수 있는 $\Pr(A)$를 이용하면 B가 이길 확률도 구할 수 있어. $\Pr(B) = 1 - \Pr(A)$이니까. 확률로 상금을 분배하는 것이 적절하다면 $\Pr(A)$와 $\Pr(B)$로 상금도 구할 수 있어.

테트라 이것을 이런 그림으로 그리면 풀 수 있겠네요.

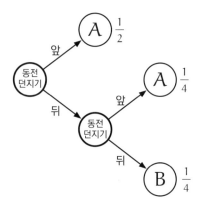

확률 Pr(A)와 Pr(B)를 구하는 그림

나 그래, 맞아!

테트라 동전 던지기에서 앞면이 나오면 ╱으로 가고 뒷면이 나오면 ╲으로 가는 그림을 그리는 거예요. 순서대로 생각해 보면….

- 동전을 던진다.
  - 앞면이 나오면 A가 이긴다(확률은 $\frac{1}{2}$).
  - 뒷면이 나오면 다시 한 번 동전을 던진다.
    - 앞면이 나오면 A가 이긴다(확률은 $\frac{1}{2} \times \frac{1}{2} = \frac{1}{4}$)
    - 뒷면이 나오면 B가 이긴다(확률은 $\frac{1}{2} \times \frac{1}{2} = \frac{1}{4}$)

⋯ 이므로, A와 B가 이길 확률은 각각,

$$\Pr(A) = \frac{1}{2} + \frac{1}{4} = \frac{3}{4}, \ \Pr(B) = \frac{1}{4}$$

이 돼요.

●● **해답 5-1 (확률 문제가 된 '미완의 게임')**

$$\Pr(A) = \frac{3}{4}, \ \Pr(B) = \frac{1}{4}$$

나 응, 그것으로 됐어!

테트라 저요, 생각해 보았는데요. 이런 그림도 조건부 확률에
서 만든 표도 '전체는 무엇인가'를 알기 위해 필요한 거죠.

나 뭐?

테트라 선배가 말했잖아요. 제가 '전체는 무엇인가'를 오해하
고 있었다고요(210쪽).

나 그랬지.

테트라 그 뒤로 주의하고 있어요. 문제에 적혀 있는 일부분 아
니라 '전체는 무엇인가'를 파악하려고요.

나 대단해, 테트라! ⋯ 그런데 너의 답을 보고 생각했는데, 이
문제를 **일반화**하면 어떻게 될까?

테트라 일반화…요?

나 그래. 문제 5-1은 3점을 먼저 얻으면 이기는 게임을 A가 2점이고 B가 1점인 상태에서 시작했잖아. 그래서 이것을 일반화해서….

테트라 알았어요. '변수 도입에 의한 일반화'란 말이죠! 구체적인 점수를 문자로 고쳐볼게요.

$3점$을 먼저 얻으면 이긴다 → $N점$을 먼저 얻으면 이긴다

중단된 시점에서 A는 $2점$ → 중단된 시점에서 A는 $A점$

중단된 시점에서 B는 $1점$ → 중단된 시점에서 B는 $B점$

나 응, 좋아. 그대로 생각해도 괜찮지만 문자의 역할을 바꾸는 게 나을 것 같아.

테트라 네?

나 '중단된 시점의 점수'보다는 이길 때까지의 '나머지 점수'를 문자로 나타내는 편이 좋을 것 같아서.

252

테트라 그건 왜죠?

나 왜냐하면 승자가 가려지는 건 '나머지 점수'가 0점이 되었을 때야. 테트라의 표현대로라면 A가 이기는 조건은 $A = N$이나 $N - A = 0$인 식이 돼. 하지만 예를 들어, A의 '나머지 점수'를 소문자 a로 나타내면 A가 이기는 조건은 $a = 0$이 돼. 같지만 이게 더 간단해서.

테트라 간단한 편이 좋겠군요.

나 응, 그럼, A와 B가 이길 때까지의 '나머지 점수'를 각각 소문자 a와 b로 표시하자.

A와 B 두 사람이 공정한 동전을 반복해서 던지는 게임을 한다. 처음에는 모두 점수가 0점이다.

- 앞면이 나오면 A의 점수가 1점 올라간다.
- 뒷면이 나오면 B의 점수가 1점 올라간다.

일정 점수를 먼저 얻은 사람이 승리하고 승자는 상금을 모두 가져간다. 그런데 게임을 중단하게 되어 상금을 A와 B 둘이서 나누게 되었다. 중단된 시점에서,

- A가 이길 때까지 필요한 점수는 나머지 a점이다.
- B가 이길 때까지 필요한 점수는 나머지 b점이다.

A가 이길 확률 $P(a, b)$와 B가 이길 확률 $Q(a, b)$를 구하시오. 단, a와 b는 모두 1 이상의 정수로 한다.

테트라 제 생각으로는 문자가 N, A, B 세 개였는데 문제 5-2에서는 문자가 a와 b 두 개가 되었어요.

문제 5-1	→	문제 5-2
3점 을 먼저 얻는 사람이 이긴다	→	일정 점수 를 먼저 얻는 사람이 이긴다
중단한 시점에서, A는 2점	→	중단한 시점에서, A는 나머지 a점
중단한 시점에서, B는 1점	→	중단한 시점에서, B는 나머지 b점

나 응, 테트라의 문제는 '전체에서 N점을 먼저 얻었을 때 승리'
하는 것이었지만 '이길 때까지 나머지 점수'로 a와 b를 주면
더 이상 N은 필요 없으니까.

테트라 그렇군요…. 그런데 확률을 Pr(A)와 Pr(B)가 아니라
P(a, b)와 Q(a, b)라고 한 이유는 뭐죠?

나 뭐, 별로 깊은 뜻은 없지만, Pr(A)나 Pr(B)로 쓰면 'A가 이
길 확률'이나 'B가 이길 확률'이 되고 나머지 점수인 a나 b
가 겉으로 드러나지 않아.

테트라 아, 그렇네요.

나 하지만, 사고를 진행시키는 데 a와 b에 구체적인 수를 대입
해 실험해 보고 싶어. 그래서 확률을 a와 b에 관한 함수 P(a,
b)나 Q(a, b)로 표시하는 게 좋을 것 같았어.

테트라 하하하….

나 예를 들어, 테트라가 해답 5-1에서 답했던 $Pr(A) = \frac{3}{4}$은 문
제 5-2로 말하면 a = 1이고, b = 2인 경우야. 다시 말해 문제

5-1의 Pr(A)는 문제 5-2의 함수 P를 사용해서

$$Pr(A) = P(1, 2)$$

라고 나타낼 수 있어.

테트라 네, 알겠어요. P(1, 2)라는 식이 나타내는 것은 'A가 나머지 1점, B가 나머지 2점이고, A가 이길 확률'이니까,

$$Pr(A) = P(1, 2) = \frac{3}{4}$$

이 돼요. B가 이길 확률은 A가 질 확률이므로,

$$Pr(B) = Q(1, 2) = 1 - P(1, 2) = \frac{1}{4}$$

이에요.

나 맞아. 그러니까, 문제 5-2는 확실히 문제 5-1의 일반화가 되었다고 말할 수 있어. 그런데 일반화한 문제 5-2를 풀 때, 테트라라면 어떻게 하겠어?

테트라 글쎄요… 우선은 폴리아*의 '질문'에 답을 찾을 거예요.

---

* 《어떻게 문제를 풀 것인가(How to Solve It)》 참조

예를 들어, 이렇게요.

- '무엇이 주어져 있는가?' …… 그것은 a와 b이다.
- '구하는 것은 무엇인가?' …… 그것은 확률 $P(a, b)$와 $Q(a, b)$이다.

나 좋은데! 그러니까 우리의 목표는 $P(a, b)$와 $Q(a, b)$ 두 가지를 a, b를 써서 나타내는 거야. 다시 말해, 주어진 것으로 구하는 것을 나타내고 싶어.

테트라 네, 그래요! 그런데…, 솔직히 문자가 늘어나면 어디서부터 손을 대야 할지 망설이게 돼요.

나 테트라가 무언가에 집중할 때 패턴은 알고 있어.

테트라 네엣!!

나 그건 말이야, 처음부터 늘어난 문자와 대결하려는 패턴이야. 갑자기 일반화된 상태에서 생각하게 되지. '작은 수로 실험'할 때는 잘 되겠지만.

테트라 아, 맞아요. 확실히, 제가 그렇게 되기는 해요. 선배나 미르카 언니가 문자를 절묘하게 다루어서 식을 변형하기 때문에 결국 그와 같은 시도를 하다가 자꾸 엉망이 되고 말아요.

테트라는 두 손으로 머리를 감싸 쥐고 '망했다'는 포즈를 취해 보인다.

나 응, 그러니까, 세련되지는 않더라도 '작은 수'부터 실험해 보자. 특히 일반화한 문제라면 더. 나도 미르카도 반드시 '작은 수'부터 실험을 시작해.

5-4 작은 수로 실험한다 $P(1, 1)$

테트라 그럼 함수 P를 조사해 봐요. 우선,

$$P(1, 1) = ?$$

이것부터 생각하죠.

$P(1, 1)$은 'A는 앞으로 1점을 얻으면 승리, B도 앞으로 1점을 얻으면 승리' 여기서 시작해 A가 이길 확률이니까요⋯.

나 그렇지.

테트라 역시 이건 간단해요. 왜냐하면 동전을 한 번 던지면 A 아니면 B의 승리가 결정되니까요. 앞면이 나오면 A의 승리, 뒷면이 나오면 B의 승리예요. 그러므로,

$$P(1, 1) = \frac{1}{2}$$

이 되죠.

나 응, 그럼 다음은 P(2,1)인가?

$$P(2, 1) = ?$$

테트라 P(2, 1)은 'A는 앞으로 2점을 얻으면 승리, B는 앞으로 1점을 얻으면 승리'에서 시작해 A가 이길 확률이에요. 그러므로 동전을 1번 던져 앞면이 나오면 아직 승리는 결정되지 않아요. 하지만 뒷면이 나오면 B의 승리가 돼요. 아, 이건 아까 그림의 변형으로 알 수 있어요.

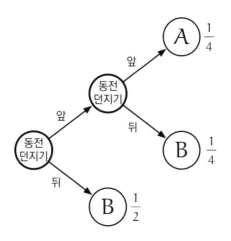

P(2, 1)을 구하기 위한 그림

나 그렇지.

테트라 그러므로, P(2, 1)은 2번 연속해서 앞면이 나올 확률과
같으므로

$$P(2, 1) = \frac{1}{4}$$

이 돼요. 그렇죠?

나 ….

테트라 트, 틀렸나요?

나 아니, 맞았어. 그런데 지금 테트라는 중요한 말을 했어. '앞
에 나온 그림의 변형으로 알 수 있다'라고.

테트라 네, 위아래를 뒤집으면 그림의 형태는 동일해요. A와 B가 반대이고 앞면과 뒷면도 반대지만요.

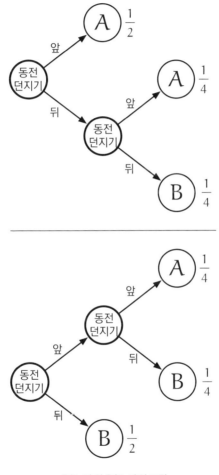

P(1, 2)와 P(2, 1)의 그림

나 그건 대칭성이 있어서야. A와 B의 나머지 점수를 교환하고 승자도 교환하면 확률값은 동일해져. 다시 말해,

$$P(1, 2) = Q(2, 1)$$

이 되지. 글로 쓰면,

| A가 나머지 1점이고,
B가 나머지 2점일 때,
A가 이길 확률 | = | A가 나머지 2점이고,
B가 나머지 1점일 때,
B가 이길 확률 |

이 돼.

테트라 아, 확실히 그래요. $P(1, 2) = \frac{3}{4}$이고, $Q(2, 1) = 1 - P(2, 1) = \frac{3}{4}$이므로, 그림은 동일하게 내용을 교체하면 다음과 같이 되죠.

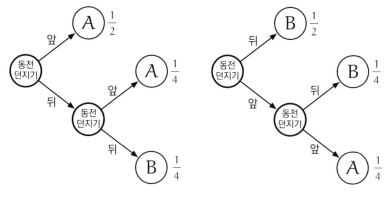

그런데, 이것이 중요한가요?

5-6 작은 수로 실험하는 목적

나 우리는 지금 두 개의 함수 P와 Q를 구하고 있는 거니까 어떤 성질을 가졌는지 알아보는 것이 중요해. 여기서는,

$$P(a, b) = Q(b, a)$$

라는 성질이야.

테트라 ….

나 우리는 지금 '작은 수로 실험'하는 중이야. 작은 수로 알아보는 이유는 일반화한 문제라는 모험을 하는 중이니까. 우리가 일반화한 문제를 제대로 이해하고 있는지 확인해 봐야만 해.

테트라 네, 그렇죠. '예시는 이해의 시금석'이니까요.

나 그래, 예를 만들어 이해를 확인해 보자. 하지만 그것만은 아니야.

테트라 아니면….

나 응. '작은 수로 실험'하는 건 '계속 실험을 하고 싶기 때문'에

하는 거잖아. 실험하는 도중에 무언가를 깨닫고 '더 이상 실험하지 않고 끝내고 싶다'라고 생각하기 때문에 하는 거야.

테트라 무언가… 라는 게 구체적으로 무엇인가요?

나 앞에서 다룬 P(a, b) = Q(b, a)와 같은 성질이야. 함수 P나 Q에 대해 성립되는 식은 없는지를 찾고 있어.

테트라 과연. 확실히 선배가 말한 대로예요. 우리는 구체적인 값을 구하고 그로부터 함수 P의 특성을 탐험하고 있는 중인 거군요. 네, 지금까지 함수 P에 대해 알게 된 내용은 다음과 같아요.

$$P(1, 1) = \frac{1}{2}$$

$$P(1, 2) = \frac{3}{4}$$

$$P(2, 1) = \frac{1}{4}$$

$$P(2, 1) = Q(1, 2)$$

나 그렇지. 그리고 1 이상의 어떤 정수 a, b에 대해서도

$$P(a, b) = Q(b, a)$$

가 성립이 돼. 그러고 보면 $P(1, 1) = \frac{1}{2}$도 당연해. a = b = 1로 생각하면, P(1, 1) = Q(1, 1) = 1 − P(1, 1)에서 P(1, 1) =

$1 - P(1, 1)$이 성립되거든. 다시 말해,

$$2P(1, 1) = 1$$

이라 할 수 있고,

$$P(1, 1) = \frac{1}{2}$$

이 돼. 마찬가지로 생각해서

$$P(1, 1) = P(2, 2) = P(3, 3) = \cdots = \frac{1}{2}$$

이라 할 수 있어.

테트라 그렇군요. A와 B의 나머지 점수가 같을 때 A가 이길 확률은 확실히 $\frac{1}{2}$이에요. $a = b$일 때 항상

$$P(a, b) = \frac{1}{2}$$

이 되는 것은 동점일 때 절반으로 나누는 것과 같아요.

나 맞아. 그리고 무척이나 중요한 관계를 발견했어. $P(1, 1)$은 $P(2, 1)$을 계산할 때 나왔으니까.

테트라 네……넷?

나 테트라는 아까 $P(2, 1)$을 생각했어. 'A가 나머지 2점이고 B가 나머지 1점'일 때 동전 던지기를 하는 거야. 그때 앞면이

나온다면 'A와 B가 모두 나머지 1점'이 돼. 그 상황에서 A가
이길 확률은 P(1, 1)이 되는 거지.

테트라 확실히 그렇게 되겠죠. 아, 이것도 함수 P의 성질인가
요?

나 그래. 우리는,

$$P(2, 1) = \frac{1}{2} P(1, 1)$$

이 성립되는 것을 발견한 거야.

테트라는 그림과 나의 식을 여러 번 비교해 보았다.

테트라 …그렇군요! 선배, 선배! 이 식은 마치 그림을 그대로 옮
겨놓은 것 같아요!

5-7 그림과 식의 대응

나 그림을 그대로 옮겨놓은 식…, 그러네.

테트라 선배가 쓴 $P(2, 1) = \frac{1}{2} P(1, 1)$이란 식은 그대로 그림에
적용할 수 있어요. 좌변의 P(2, 1)은,

$$P(2, 1) = \boxed{\begin{array}{l}\text{A가 나머지 2점이고,}\\ \text{B가 나머지 1점일 때,}\\ \text{A가 이길 확률}\end{array}}$$

이에요.

나 그래, 맞아. 함수 P의 정의대로.

테트라 그리고 우변의 $\frac{1}{2}P(1, 1)$은,

$$\frac{1}{2}P(1, 1) = \boxed{\text{앞이 나올 확률 } \frac{1}{2}} \times \boxed{\begin{array}{l}\text{A가 나머지 1점이고,}\\ \text{B가 나머지 1점일 때,}\\ \text{A가 이길 확률}\end{array}}$$

이 된다고 생각했어요. 그건 정확히, P(2, 1) 부분에서 그림에 적힌 $\frac{1}{2}$의 화살표를 따라 P(1, 1)로 나아가게 읽을 수 있어요. 마치 그림을 식으로 번역한 것처럼요.

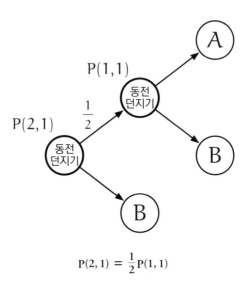

$$P(2, 1) = \frac{1}{2}P(1, 1)$$

나 응응! 그림을 보면서 하나하나 식을 만들어. 그림의 내용과
잘 맞는지 확인하면서 식을 만드는 거지.

테트라 네, 맞아요. 식을 보면 '구체적인 것'을 다루고 있다는
느낌이 들어요. 좌변 P(2, 1)의 2는 '나머지 2점으로 A가 이
긴다'는 것을 나타내요. 그 2는 우변이면 P(1, 1)처럼 1로
변해요. 이것은 '나머지 1점으로 A가 이기는' 상황으로 변
한 것을 나타내요. 변한 이유는 앞면이 나왔기 때문이에요!

나 그렇지.

테트라 앞면이 나왔기 때문에 저는 A에 1점을 준 기분이 들었

어요. 그래서 A는 승리까지 남은 점수가 2점에서 1점으로 변했어요. 그 변화가, P(2, 1)에서 P(1, 1)로 변한 것을 번역해 주고 있어요.

나 역시, 과연. 테트라는 정확히 식을 잘 파악하고 있네.

테트라 …잠시만요. 다른 경우도 그런 거죠. 예를 들어, 아까 계산했던 P(1, 2)이요.

$$P(1, 2) = \frac{3}{4}$$

나 응, 그래. P(1, 2)의 경우도 그림을 따라가고 있는 느낌이야. 다음과 같이 되니까.

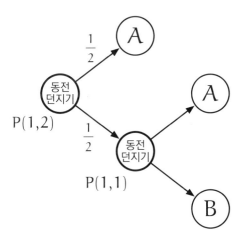

$$P(1, 2) = \frac{1}{2} + \frac{1}{2}P(1, 1)$$

테트라 아하, 확실히 그래요. 이 식은 두 수의 합이지만, 각각이 동전의 면에 대응해요!

$$P(1, 2) = \underbrace{\frac{1}{2}}_{\substack{\text{앞면이} \\ \text{나온다}}} + \underbrace{\frac{1}{2} P(1, 1)}_{\substack{\text{뒷면이} \\ \text{나온다}}}$$

나 맞아, 맞아. 그렇게 되겠네.

테트라 선배! 저 당연한 말이지만 해도 될까요?

나 물론이지, 어서 해봐.

테트라 여기서 합이 나오는 것은 **배반**이기 때문이죠. 동전을 1번 던지는 실험을 생각하면 앞면이 나오는 것과 뒷면이 나오는 것은 배반 사건이에요. 그러니까,

$$P(1, 2) = \boxed{\frac{1}{2}} + \boxed{\frac{1}{2} P(1, 1)}$$

의 우변은 두 합의 형태가 돼요.

나 그래. 배반인 경우의 가법정리지.

테트라 $P(2, 1)$과 $P(1, 2)$는 다음과 같아지는데…, 어머?

$$P(2, 1) = \frac{1}{2} P(1, 1)$$

$$P(1, 2) = \frac{1}{2} + \frac{1}{2} P(1, 1)$$

테트라는 여기서 말을 멈췄다.

잠시 손톱을 깨물며 뚫어져라 식을 들여다본다.

뭔가 이상한 점을 깨달은 것일까?

5-8 테트라의 깨달음

테트라 이 두 식, P(2, 1)과 P(1, 2)는 A와 B의 나머지 점수를 바꿔놓기만 했어요. 하지만 우변은 식의 형태가 달라요. 왜 똑같은 형태가 되지 않을까요?

$$P(2, 1) = \frac{1}{2} P(1, 1)$$

$$P(1, 2) = \frac{1}{2} + \frac{1}{2} P(1, 1)$$

나 그건 쉽게 설명할 수 있어. P(a, b)는 'A가 나머지 a점, B가 나머지 b점일 때에, A가 이길 확률'이야. A가 이기는 확률 쪽에 주목하고 있으니까 바꾸었을 때 같은 형태가 되지 않는 건 이상할 게 없어.

테트라 과연 그렇군요. 식이 나타내는 것을 잘 생각해야 했어요.

나 응, 식의 형태를 고집한다면 이렇게 식을 쓰면 마음에 들 거야. 0과 1에 주목!

$$
\begin{cases}
P(2, 1) = \dfrac{1}{2} \times P(1, 1) + \dfrac{1}{2} \times 0 \\[2mm]
P(1, 2) = \dfrac{1}{2} \times 1 + \dfrac{1}{2} \times P(1, 1)
\end{cases}
$$

테트라 이것은…?

나 무슨 뜻인지 알겠어?

테트라 아뇨…, 잘 모르겠어요. 1을 곱하면 그대로이고 0을 곱하면 0이죠.

나 0은 '이미 B의 승리가 결정되었으므로 A가 이길 확률은 0'을 나타내는 거야. 그리고 1은 '이미 A의 승리가 결정되었으므로 A가 이길 확률은 1'을 나타내. 이런 식으로 0과 1을 분명히 드러나게 쓰면 아무래도 바뀐 형태의 식이 되겠지.

테트라 아, 이해했어요! 식은 참 재미있네요.

나 응, 맞아. P를 이용해 0과 1을 나타내면 더 좋지 않을까?

$$
\begin{cases}
P(2, 1) = \dfrac{1}{2} \times P(1, 1) + \dfrac{1}{2} \times P(2, 0) \\[2mm]
P(1, 2) = \dfrac{1}{2} \times P(0, 2) + \dfrac{1}{2} \times P(1, 1)
\end{cases}
$$

테트라 P(2, 0)과 P(0, 2)가 나왔어요. …이건?

나 그래. P(2, 0) = 0이고 P(0, 2) = 1로 정의해서 0과 1이란 수의 의미를 분명히 나타낸 거야.

테트라 선배, 그래도 좀 이상해요. 왜냐하면 문제 5-2에서는 조건을 붙였잖아요. P(a, b)에서 a와 b는 1 이상의 정수여야 해요. 그렇다면 P(2, 0)나 P(0, 2)처럼 0이 나오면 곤란하지 않을까요?

나 그래. 그래서 우리는 지금 함수 P의 정의 영역을 **확장**해서 생각하게 되는 거야.

테트라 확장….

5-9 확장하여 생각한다

나 문제 5-2에서 a와 b를 1 이상의 정수라고 한 것은 0으로할 의미가 없기 때문일 거야. 이유는 a = 0이면 A는 이미 이겼고, b = 0이면 A는 이미 진 거야. 그러니 확률을 따질 필요도 없지.

테트라 네, 저도 그렇게 생각했어요.

나 그런데 P(a, 0) = 0과 P(0, b) = 1로 정의하는 건 나쁘지 않아. 일관성이 있으니까.

테트라 그 일관성이라는 건 어떤 거죠?

나 $P(a, 0) = 0$이라고 정의하는 건 이상하지 않다는 거야. A는 이미 지고 있어. 그것을 이길 확률이 0이라고 정의한 거야.

테트라 아, 확실히 그렇네요. $P(0, b) = 1$은 반대예요. A는 이미 이겼어요. 그러니까 A가 이길 확률을 1이라고 정의하고 있는 거죠…?

나 맞아. 아까 확률은 계산할 필요도 없다고 말했지만 식을 생각하는 데는 큰 의미가 있어.

테트라 네, 맞아요! 이건 공사건과 전체사건을 생각했을 때와 비슷해요. '절대로 일어나지 않는다' 또는 '반드시 일어난다'도 사건으로 고려하죠(130쪽).

나 그 말이 맞아. 처음부터 그런 조건을 부여하는 게 좋아.

테트라 이 식은 아주 아주 잘 이해했어요!

$$P(2, 1) = \frac{1}{2} P(1, 1) + \frac{1}{2} P(2, 0)$$

$$P(1, 2) = \frac{1}{2} P(0, 2) + \frac{1}{2} P(1, 1)$$

나 그래, $P(a, 0) = 0$과 $P(0, b) = 1$이라고 정의하면 $P(1, 0) = 0$과 $P(0, 1) = 1$이라고 할 수 있으니까 앞에서 계산한 $P(1, 1)$도 동일하게 나타낼 수 있어. 이것 봐!

$$P(1, 1) = \frac{1}{2} P(0, 1) + \frac{1}{2} P(1, 0)$$

테트라 $P(1, 1)$은 $\frac{1}{2}$이죠. 동전을 던져 A가 나오면 A의 승리니까요.

나 응, 옳은 계산이야.

$$\begin{aligned} P(1, 1) &= \frac{1}{2} P(0, 1) + \frac{1}{2} P(1, 0) && \text{앞의 식으로부터} \\ &= \frac{1}{2} \times 1 + \frac{1}{2} \times 0 && P(0, 1) = 1,\, P(1, 0) = 0\text{으로부터} \\ &= \frac{1}{2} && \text{계산했다.} \end{aligned}$$

테트라 확실히 이해했어요. 저는 '동전을 던져 A가 나오면 A의 승리'라고만 생각했지만,

$$P(1, 1) = \frac{1}{2} P(0, 1) + \frac{1}{2} P(1, 0)$$

이란 식은 좀 더 상황을 잘 나타내고 있어요. 다시 말해, '앞면이 나와 A가 이기는 사건'과 '뒷면이 나와 A가 이기는 사건'이란 배반 사건이에요. '뒷면이 나와 A가 이기는 사건'은 여기서는 공사건이지만요.

나 맞아. 잘 이해하고 있네.

테트라 선배는 항상 저를 격려해 주시죠. 고맙습니다.

나 테트라는 항상 열심이잖아. 그래서 '친구가 될 수 있었지' 아마도?

테트라 항상 잘 대해주셔서 감사해요.

그렇게 말하고 테트라는 고개를 숙여 인사했다.

나 어? 아니, 함수 P 얘기였는데….

테트라 앗, '친구'라는 게 함수 P를 말한 거예요? 어머, 부끄러워라.

나 아니 아니, 나야말로 늘 잘해줘서 고마워.

테트라 아, 아니요! …감사해요.

우리는 다시 한 번 꾸벅하고 서로에게 인사를 했다.

5-10 함수 P의 성질

나 테트라가 식을 잘 읽어 주었기 때문에 우리는 함수 P를 확장할 수 있었어. 우리는 이로써 함수 P가 **점화식**을 충족시킨다는 사실을 알았어. 그리고 함수 P를 이렇게까지 파악할 수 있었어.

함수 P가 충족시킨 점화식

함수 P는 다음의 점화식을 충족한다.

$$\begin{cases} P(0,b) & = 1 \\ P(a,0) & = 0 \\ P(a,b) & = \dfrac{1}{2}P(a-1,b) + \dfrac{1}{2}P(a,b-1) \end{cases}$$

단, a와 b는 모두 1 이상의 정수(1, 2, 3,…)로 한다.

테트라 네, 네.

테트라는 점화식을 하나하나 확인하며 읽어 내려간다.

테트라는 이 점화식 어디를 가리켜도 그것이 '미완의 게임'에서 어떤 부분에 해당하는지 설명할 수 있을 거야. 이 0은 무슨 뜻인지, 이 1은 무엇을 뜻하는지, 이 $\dfrac{1}{2}$ 은 어떤 의미인지….

테트라 네, 모두 설명할 수 있을 것 같아요! 작은 수로 많이 실험하는 것은 중요해요. 그림을 떠올리거나 계산하거나 식이 무엇을 나타내는지를 잘 생각하거나….

나 정말 그래. 자, 이제 문제 5-2의 함수 P와 Q를 구할 준비가 되었네.

테트라 일반화한 '미완의 게임' 문제군요!

A와 B 두 사람이 공정한 동전을 반복해서 던지는 게임을 한다. 처음 점수는 두 사람 모두 0점이다.

- 앞면이 나오면 A의 점수가 1점 올라간다.
- 뒷면이 나오면 B의 점수가 1점 올라간다.

일정 점수를 먼저 얻은 사람이 승리하고 승자는 상금을 모두 가져간다. 그런데 게임을 중단하게 되어 상금을 A와 B 둘이서 나누게 되었다. 중단된 시점에서,

- A가 이길 때까지 필요한 점수는 나머지 a점이다.
- B가 이길 때까지 필요한 점수는 나머지 b점이다.

A가 이길 확률 $P(a, b)$와 B가 이길 확률 $Q(a, b)$를 구하시오. 단, a와 b는 모두 1 이상의 정수로 한다.

나 점화식은 만들었지만, 아직 $P(a, b)$를 a와 b로 나타낸 건 아니야.

테트라 잠깐만요. 그런데 구체적으로 a와 b가 주어지면 점화식을 사용해서 구체적으로 $P(a, b)$를 계산할 수 있는 거죠?

확인해 보는 거예요.

나 응, 그건 맞아. 우리의 점화식을 사용하면 P(a, b)를 P(a −1, b)와 P(a, b −1)로 나타낼 수 있어. 이를 반복하면 마지막에는 P(0, ＊)와 P(★, 0) 형태의 식을 조합하여 나타낼 수 있게 돼. 다시 말해, 계산할 수 있어. ＊이나 ★은 1 이상의 정수로 하고.

테트라 네. 제가 이해한 게 맞아서 다행이에요.

나 점화식이 있어서 a, b가 구체적으로 주어지면 P(a, b)를 계산할 수 있어. 하지만 조금 더 나아가서,

P(a, b) = 'a와 b는 포함하지만, P를 포함하지 않는 식'

까지 다루어 보고 싶어.

테트라 네, 그 목표 지점은 잘 알아요. a와 b만을 이용해서 P(a, b)를 나타내는 거죠. 그런데 대체 어떻게 하면 좋을까요?

나 응, 난 방향성이 보여. 대략적이지만.

테트라 저는 보이지 않아요…. 그것을 볼 수 있는 건 센스인가요?

나 아니야, 센스 같은 게 아니야.

테트라 하지만, '단서'를 모르면 한 치도 나아갈 수 없잖아요.

나 그럼, 다시 '작은 수로 실험'해서 '단서'를 만들자!

테트라 넷!

나 테트라가 앞에서 말했잖아. P(a, b)이고, a와 b가 구체적으로 주어지면 점화식을 이용해 계산할 수 있어. 그렇다면 구체적으로 생각하는 동안에 '단서'를 찾을 수도 있어. 예를 들어 P(2, 2)를 점화식에 따라 계산해 보자. 답은 $\frac{1}{2}$이라고 알고 있지만.

함수 P가 충족하는 점화식 (다시)

함수 P는 다음의 점화식을 충족한다.

$$\begin{cases} P(0, b) & = 1 \\ P(a, 0) & = 0 \\ P(a, b) & = \frac{1}{2}P(a-1, b) + \frac{1}{2}P(a, b-1) \end{cases}$$

단, a와 b는 모두 1 이상의 정수(1, 2, 3,···)로 한다.

테트라 점화식을 풀 단서를 얻기 위해 점화식을 이용해 P(2, 2)를 구해 보는 거예요. 확실히 그건 저도 바로 할 수 있어요.

그러니까 해 볼게요!

$$P(2, 2) = \frac{1}{2} P(1, 2) + \frac{1}{2} P(2, 1) \qquad \text{점화식으로부터}$$

$$= \frac{1}{2} \{P(1, 2) + P(2, 1)\} \qquad \frac{1}{2} \text{로 묶었다}$$

나 응, 점화식을 이용해서 $\frac{1}{2}$로 묶었어.

테트라 네. 이것을 이용해서 반복하는 거예요. $P(1,2)$와 $P(2,1)$
은 다음과 같이 나타낼 수 있어요. 하나씩 줄어들죠.

$$\begin{cases} P(1, 2) = \frac{1}{2} P(0, 2) + \frac{1}{2} P(1, 1) \\ P(2, 1) = \frac{1}{2} P(1, 1) + \frac{1}{2} P(2,0) \end{cases}$$

그러므로, $P(1, 2)$와 $P(2, 1)$을 서로 바꿀 수 있어요.

$$P(2,2) = \frac{1}{2}\{P(1,2) + P(2,1)\} \qquad \text{앞의 식으로부터}$$

$$= \frac{1}{2}\{\frac{1}{2}P(0,2) + \frac{1}{2}P(1,1)\} + \frac{1}{2}\{\frac{1}{2}P(1,1) + \frac{1}{2}P(2,0)\}$$

$$\text{치환했다}$$

$$= \frac{1}{2} \times \frac{1}{2}\{P(0,2) + P(1,1) + P(1,1) + P(2,0)\}$$

$$\frac{1}{2}\text{로 묶었다}$$

$$= \frac{1}{4}\{P(0,2) + P(1,1) + P(1,1) + P(2,0)\}$$

$$\text{동류항에 주목한다}$$

$$= \frac{1}{4}\{P(0,2) + 2P(1,1) + P(2,0)\} \qquad \text{합쳤다(♡)}$$

$$= \frac{1}{4}\{1 + 2P(1,1) + 0\} \qquad P(0,2) = 1, P(2,0) = 0\text{으로부터}$$

나 과연….

데트라 나아가 $P(1,1) = \frac{1}{2}P(0,1) + \frac{1}{2}P(1,0)$을 이용해 $P(1,1)$을 치환해요.

$$P(2,2) = \frac{1}{4}\{1 + 2P(1,1) + 0\} \qquad \text{앞의 식으로부터}$$

$$= \frac{1}{4}\{1 + 2(\frac{1}{2}P(0,1) + \frac{1}{2}P(1,0)) + 0\} \qquad \text{치환했다}$$

$$= \frac{1}{4}\{1 + P(0,1) + P(1,0) + 0\}$$

$$= \frac{1}{4}\{1 + 1 + 0 + 0\} \qquad P(0,1) = 1, P(1,0) = 0\text{으로부터}$$

$$= \frac{1}{2}$$

나 계산을 잘하네.

테트라 네. 정확히 $\frac{1}{2}$이 나오긴 했는데요.

나 뭔가 알았어?

테트라 아니요, 뭐 특별히.

나 그럼, 다시 한 번….

테트라 네, 이번에는 P(3, 3)으로 해 볼게요.

5-12 $P(3, 3)$의 값을 구하는 도중

$$P(3, 3) = \frac{1}{2}P(2, 3) + \frac{1}{2}P(3, 2) \qquad \text{점화식으로부터}$$

$$= \frac{1}{2}\{P(2, 3) + P(3, 2)\} \qquad \frac{1}{2}\text{로 묶었다}$$

$$= \frac{1}{2}\left\{\frac{1}{2}P(1, 3) + \frac{1}{2}P(2, 2)\right\} + \frac{1}{2}\left\{\frac{1}{2}P(2, 2) + \frac{1}{2}P(3, 1)\right\}$$

$$\qquad \text{치환했다}$$

$$= \frac{1}{2} \times \frac{1}{2}\{P(1, 3) + P(2, 2) + P(2, 2) + P(3, 1)\}$$

$$\qquad \frac{1}{2}\text{로 묶었다}$$

$$= \frac{1}{2} \times \frac{1}{2}\{P(1, 3) + P(2, 2) + P(2, 2) + P(3, 1)\}$$

$$\qquad \text{동류항에 주목한다}$$

$$= \frac{1}{4}\{P(1, 3) + 2P(2, 2) + P(3, 1)\} \qquad \text{합쳤다(♣)}$$

$$= \cdots$$

나 아, 테트라. 잠깐 기다려.

테트라 어, 계산이 틀렸나요?

나 비슷한 패턴의 식이 P(2, 2)에서도 나왔었지.

$$P(2, 2) = \frac{1}{4}\{P(0, 2) + 2P(1, 1) + P(2, 0)\} \quad \heartsuit \text{로부터 (283쪽)}$$

$$P(3, 3) = \frac{1}{4}\{P(1, 3) + 2P(2, 2) + P(3, 1)\} \quad \clubsuit \text{로부터}$$

테트라 아, 정말이네요. 똑같아요. 이건 왜 그런가 하면…, 아, 알았어요. 동전을 2번 던지면 '앞뒤'와 '뒤앞'은 모두 같아져요. A와 B의 나머지 점수를 1개씩 줄이는 순서가 다를 뿐이니까요.

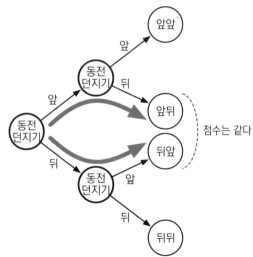

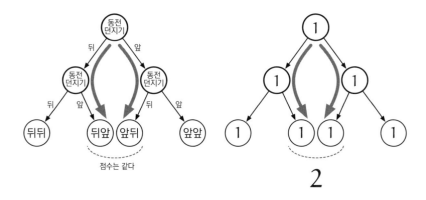

나 그래, 맞아.

테트라 그러니까 합류한 두 개를 더하고…, 아, 이건 **파스칼의 삼각형**이에요! 이렇게 보면 알 수 있어요!

테트라는 고개를 90도로 기울이며 말했다.

나 그래, 맞아. 앞의 식에서 계수에 1을 생략하지 않고 쓰면 파스칼의 삼각형에 나오는 **이항계수** 1, 2, 1도 보이지.

$$P(2, 2) = \frac{1}{4}\{1P(0, 2) + 2P(1, 1) + 1P(2, 0)\} \quad \heartsuit로부터$$

$$P(3, 3) = \frac{1}{4}\{1P(1, 3) + 2P(2, 2) + 1P(3, 1)\} \quad \clubsuit로부터$$

테트라 ⋯ 그렇다는 건, P(3, 3)을 계산하면 1, 3, 3, 1이 나올까요?

나 해 보자!

$$P(3, 3)$$

$$= \frac{1}{4} \{P(1, 3) + 2P(2, 2) + P(3, 1)\}$$

$$= \frac{1}{4} \left\{ \frac{1}{2} (P(0, 3) + P(1, 2)) + 2 \cdot \frac{1}{2} (P(1, 2) + P(2, 1)) + \frac{1}{2} (P(2, 1) + P(3, 0)) \right\}$$

$$= \frac{1}{8} \{P(0, 3) + P(1, 2) + 2P(1, 2) + 2P(2, 1) + P(2, 1) + P(3, 0)\}$$

$$= \frac{1}{8} \{P(0, 3) + 3P(1, 2) + 3P(2, 1) + P(3, 0)\}$$

$$= \frac{1}{8} \{1P(0, 3) + 3P(1, 2) + 3P(2, 1) + 1P(3, 0)\}$$

테트라 정말이에요. 1, 3, 3, 1이 나와요. 정확히 왼쪽에서 P(1, 2), 오른쪽에서 2P(1, 2)가 나오고, 합쳐서 3P(1, 2)가 나오는 부분은 바로 파스칼의 삼각형이에요.

5-13 P(3, 3)을 일반화

나 자, P(3, 3)은 이런 식으로 쓸 수 있어. $8 = 2^3$이니까.

$$P(3, 3) = \frac{1}{2^3} \{1P(0, 3) + 3P(1, 2) + 3P(2, 1) + 1P(3, 0)\}$$

여기서 1, 3, 3, 1의 이항계수를 $\binom{n}{k}$의 형태로 쓰면 패턴이 보여.

$$\begin{array}{cccc} 1 & 3 & 3 & 1 \\ \vdots & \vdots & \vdots & \vdots \\ \binom{3}{0} & \binom{3}{1} & \binom{3}{2} & \binom{3}{3} \end{array}$$

테트라 $\binom{3}{0}$, $\binom{3}{1}$, $\binom{3}{2}$, $\binom{3}{3}$은 조합의 개수죠?

나 그래, $\binom{n}{k}$는 $_nC_k$과 같아. 이것을 이용해 $P(3, 3)$을 다시 쓰자.

$$P(3, 3) = \frac{1}{2^3} \{1P(0, 3) \quad + 3P(1, 2) \quad + 3P(2, 1) \quad + 1P(3, 0) \quad \}$$
$$\phantom{P(3, 3) = \frac{1}{2^3} \{} \vdots \vdots \vdots \vdots$$
$$P(3, 3) = \frac{1}{2^3} \{\binom{3}{0}P(0, 3) + \binom{3}{1}P(1, 2) + \binom{3}{2}P(2, 1) + \binom{3}{3}P(3, 0) \}$$

테트라 … 그렇군요.

테트라는 신중하게 식을 읽고 나서 답했다.

나 괄호 속 규칙성을 알겠지?

$$P(3,3) = \frac{1}{2^3}\left(\binom{3}{0}P(0,3) + \binom{3}{1}P(1,2) + \binom{3}{2}P(2,1) + \binom{3}{3}P(3,0)\right)$$

테트라 네. 0, 1, 2, 3으로 변하는 부분이 있어요.

나 반대로 3, 2, 1, 0으로 변하는 부분도 있지. k라는 문자의 값을 0, 1, 2, 3으로 변화시키면 4개의 항은

$$\binom{3}{k}P(k, 3-k)$$

이런 식으로 나타낼 수 있어.

테트라 아, 알겠어요. k가 0, 1, 2, 3으로 나아가면 3 − k 는 3, 2, 1, 0이 되니까요.

나 이제 P(3, 3)은 시그마 ∑를 이용해 쓸 수 있어!

$$P(3,3) = \frac{1}{2^3}\sum_{k=0}^{3}\binom{3}{k}P(k, 3-k)$$

테트라 저 이것 읽을 수 있어요! k = 0, 1, 2, 3으로 나아가고 $\binom{3}{k}P(k, 3-k)$를 모두 더한 거예요.

나 다음은 3 부분을 a로 치환하면 일반화할 수 있어.

$$P(a, a) = \frac{1}{2^a} \sum_{k=0}^{a} \boxed{\binom{a}{k} P(k, a-k)} \qquad \text{(a는 1 이상의 정수)}$$

확실히 하기 위해 $a = 1$에서 $\frac{1}{2}$이 되는지 계산해 보자.

$$P(1, 1) = \frac{1}{2^1} \sum_{k=0}^{1} \binom{1}{k} P(k, 1-k)$$

$$= \frac{1}{2^1} \{ \underbrace{\boxed{\binom{1}{0} P(0, 1-0)}}_{k=0\text{일 때}} + \underbrace{\boxed{\binom{1}{1} P(1, 1-1)}}_{k=1\text{일 때}} \}$$

$$= \frac{1}{2^1} \{ \binom{1}{0} P(0, 1) + \binom{1}{1} P(1, 0) \}$$

$$= \frac{1}{2^1} (1 \times 1 + 1 \times 0)$$

$$= \frac{1}{2}$$

응, 괜찮네.

테트라 드디어 함수 P를 식으로 나타냈어요!

나 아, 아니야. 지금 생각한 건 $P(a, a)$라는 형태뿐이야. 다시 말해 A와 B가 모두 승리할 때까지 나머지 점수가 같을 때의 이야기지. 게다가 우변에는 아직 P가 남아 있어.

테트라 아⋯, 그렇죠. 우리가 구하는 건 $P(a, b)$였어요. 꼭 $a = b$라고는 할 수 없죠.

나 맞아. 다음은 어떻게 할까?

테트라 저는 아직 보이지 않아요. 하지만, 다시 한 번 '작은 숫자로 실험'해 보면 무언가 '단서'를 발견할 수 있을 거예요!

나 오!

테트라 $P(3, 3)$을 전개해서 $P(a, a)$를 얻었으니까, 예를 들어 $P(3, 2)$에서 시작하면 뭔가 알 수 있을 거예요. 저는 $P(3, 2)$를 계산할게요!

테트라는 $P(3, 2)$ 계산에 착수했다.
그때 미르카가 다가왔다.

5-14 미르카

미르카 오늘도 확률?

나 응. '미완의 게임' 문제를 일반화했어. 점화식은 완성했으니까 지금은 식의 패턴을 찾고 있어.

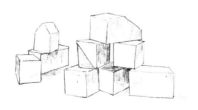

미르카 이 점화식, 파스칼의 삼각형이 나오겠는데.

나 맞아. 그래서 이항계수가 나와서….

테트라 이항계수가 나오지 않아요!

나 뭐라고?

5-15 P(3, 2)의 값 구하기

테트라 난관에 부딪쳤어요. 저는 식의 패턴을 찾기 위해 $P(3, 2)$를 계산했어요. 이항계수가 잘 나오지만 $P(3, 0)$를 계산하려고 하면 $P(3, -1)$이 되어 버려요! -1이 나오면 안 되는데….

$$P(3, 2) = \frac{1}{2^1}\{1P(2, 2) + 1P(3, 1)\}$$

$$= \frac{1}{2^1}\{1P(1, 2) + 2P(2, 1) + 1P(3, 0)\}$$

$$= \frac{1}{2^1}\{1P(0, 2) + 3P(1, 1) + 3P(2, 0) + 1\underbrace{P(3, -1)}_{\uparrow}\}$$

나 그런가? 점화식 $P(a, b) = \frac{1}{2}P(a-1, b) + \frac{1}{2}P(a, b-1)$을 쓸 수 있는 건 a와 b가 1 이상의 정수일 때니까 $P(3, 0)$에는 쓸 수 없어.

미르카 $P(a, b)$가 나타내는 건 A가 나머지 a점, B가 나머지 b 점일 때 A가 이길 확률이지?

나 응, 맞아. 그러니까 $P(3, 0)$의 값 자체는 알 수 있어. A가 나머지 3점이고, B가 나머지 0점이니까 A가 이길 확률은 0 이 돼. 다시 말해 $P(3, 0) = 0$인 것을 알 수 있어. 하지만 지금은 그 구체적인 값보다 식의 패턴을 찾고 싶으니까 곤란한 거지.

미르카 흐음….

테트라 $P(3, -1)$이라면 의미가 없어요.

미르카 그건 왜지?

테트라 이유는…, 나머지 -1점으로 이긴다는 건 의미가 없으니까요.

나 나머지 −1점이라….

미르카 나머지 점수는 −1은 안 돼?

테트라 네. −1은 안돼요. 0이라면 가능하죠. 처음에는 1 이상
의 정수로 생각했지만 0도 허용되도록 확장했거든요. 하지
만, 그렇게 할 수 있었던 건 일관성이 있었기 때문이에요. 나
머지가 0점으로 승리가 확정됐다는 해석이 가능하니까요.
하지만 −1이 되면 안 돼요.

미르카 일관성 있는 해석이 안 되니까?

테트라 왜냐하면 승리까지 나머지 −1점이라는 건….

나 그렇군, 할 수 있겠어! 할 수 있어, 테트라!

테트라 네…?

테트라는 미간을 찌푸렸다.

5-16 좀 더 확장해서 생각한다

나 B가 승리를 결정한 뒤에, 다시 말해 $b = 0$이 된 다음에도 좀
더 게임을 계속하면 되는 거야. 동전을 던져 뒷면이 나오면
승리에 필요한 점수보다 1점이 더 많아지지. 그 상황은 확실

히 'B는 승리까지 나머지 −1점'으로 해석할 수 있어!

미르카 계산을 위해 점화식을 좀 더 확장하거나 혹은….

나 −1까지 확장해서 식을 추가하면 되니까 이렇지.

함수 P가 충족하는 점화식 (−1까지 확장)

함수 P는 다음의 점화식을 충족한다.

$$\begin{cases} P(-1, b) = 1 & \text{(추가)} \\ P(a, -1) = 1 & \text{(추가)} \\ P(0, b) = 1 \\ P(a, 0) = 0 \\ P(a, b) = \dfrac{1}{2} P(a-1, b) + \dfrac{1}{2} P(a, b-1) \end{cases}$$

단, a와 b는 모두 1 이상의 정수(1, 2, 3, …)로 한다.

테트라 패턴 찾기 모험, 다시 시작이요!

$$P(3, 2) = \frac{1}{2^1} \{1P(2, 2) + 1P(3, 1)\}$$

$$= \frac{1}{2^2} \{1P(1, 2) + 2P(2, 1) + 1P(3, 0)\}$$

$$= \frac{1}{2^3} \{1P(0, 2) + 3P(1, 1) + 3P(2, 0) + 1P(3, -1)\}$$

$$= \frac{1}{2^4} \{1P(-1, 2) + 4P(0, 1) + 6P(1, 0) + 4P(2, -1) + 1P(3, -2)\}$$

나 그런가, −2도 나올까?

테트라 그럼 다시 확장해서 계속해요!

미르카 테트라는 어디까지 계속할 생각이야. 이제 A의 승리 확률은 구할 수 있잖아.

나 확실히. $P(-1, 2)$와 $P(0, 1)$은 1이고 나머지는 0이니까.

$$P(3, 2) = \frac{1}{2^4} \{1\underbrace{P(-1, 2)}_{1} + 4\underbrace{P(0, 1)}_{1} + 6\underbrace{P(1, 0)}_{0} + 4\underbrace{P(2, -1)}_{0} + 1\underbrace{P(3, -2)}_{0}\}$$

테트라 어머, 저 패턴 보여요!

나 그래!

테트라 왼쪽부터 순서대로 1, 1, 0, 0, 0이 있고, 1이 왼쪽에 모여 있어요. 이 1은 A가 이긴 거죠. $P(a, b)$에서 a가 0이거나 −1이 되어 있으니까요.

$$P(3, 2) = \frac{1}{2^4} \{1\underbrace{P(-1, 2)}_{1} + 4\underbrace{P(0, 1)}_{1} + 6\underbrace{P(1, 0)}_{0} + 4\underbrace{P(2, -1)}_{0} + 1\underbrace{P(3, -2)}_{0}\}$$

나 나는 다른 패턴을 찾았어. 여기의 합이 모두 1이야.

$$P(3, 2) = \frac{1}{2^4} \{1\underbrace{P(-1, 2)}_{\text{합이 1}} + 4\underbrace{P(0, 1)}_{\text{합이 1}} + 6\underbrace{P(1, 0)}_{\text{합이 1}} + 4\underbrace{P(2, -1)}_{\text{합이 1}} + 1\underbrace{P(3, -2)}_{\text{합이 1}}\}$$

테트라 그런데 그 '합이 1'이란 게 무슨 의미가 있을까요?

나 식에서 패턴을 파악해야지. 게다가 $\frac{1}{2^4}$에 나오는 4의 의미
도….

여기서 미르카가 손가락을 튕긴다.

나와 테트라는 미르카에게로 시선을 돌렸다.

미르카 너와 테트라는 식에서 패턴을 찾고 있어. 하지만 $P(a,
b)$는 a와 b 조합으로 결정되니까 **그림을 그리자.** (a, b)를 좌
표평면상의 점으로 보는 거야. 파스칼의 삼각형이 나타날
거야.

나 아아!

테트라 아, 이건 마치 식을 좌표로 번역하는 것 같아요….

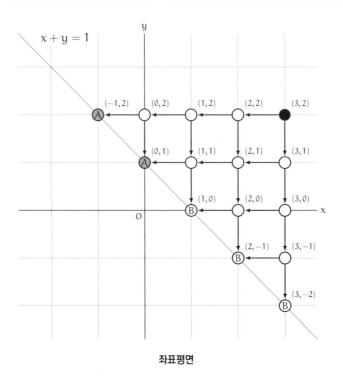

좌표평면

미르카 좌표평면에서 a, b를 1 이상의 정수라고 하면 점(a, b)

는 'A가 나머지 a점, B가 나머지 b점'이란 상황에 대응하고

있어. 점화식 $P(a, b) = \frac{1}{2}P(a-1, b) + \frac{1}{2}P(a, b-1)$의 우변

에 있는 두 개의 항은 점(a, b)의 왼쪽 점$(a-1, b)$과 아래쪽

점$(a, b-1)$에 대응하고 있어.

테트라 확실히 파스칼의 삼각형이 보여요!

테트라는 고개를 45도 기울이며 말했다.

나 과연. 화살표를 따라가다가 y축과 일치하는 직선인 x = 0에 도달하면 A의 승리. 그리고 x축과 일치하는 직선인 y = 0에 도달하면 B의 승리네.

미르카 네가 생각했던 '합이 1'인 이유는 좌표평면에서 생각하면 명백해. 직선 x + y = 1의 의미지.

나 응! 점(3,2)에서 화살표를 따라 직선 x + y = 1까지 왔을 때 확실히 승부가 결정돼. 왜냐하면 x와 y가 정수이고 x + y = 1이라면 x와 y 중 적어도 어느 하나는 0 이하가 될 테니까. x ≤ 0이 되면 A의 승리, 그리고 y ≤ 0이 되면 B의 승리라고 할 수 있어. 따라서 점화식은 다음과 같으면 되는 거야.

함수 P가 충족시키는 점화식

함수 P는 다음의 점화식을 충족한다.

$$P(a, b) = \begin{cases} 1 & (a \leqq 0) \\ 0 & (b \leqq 0) \\ \dfrac{1}{2}P(a-1, b) + \dfrac{1}{2}P(a, b-1) & (a > 0\text{이고 } b > 0) \end{cases}$$

단, a와 b는 정수이고 $a + b \geqq 1$로 한다.

테트라 두 개의 ⒶⒶ가 A의 승리이고, 세 개의 ⒷⒷⒷ가 B 의 승리에 해당해요.

$$\underbrace{Ⓐ\,Ⓐ}_{\text{A의 승리}}\ \underbrace{Ⓑ\,Ⓑ\,Ⓑ}_{\text{B의 승리}}$$

식과 그림 모두에서 패턴을 찾을 수 있어요.

나 테트라가 파스칼의 삼각형을 말했을 때, 승리가 결정되는 조건을 좌표로 생각하면 좋았을 걸.

미르카 $a + b = 1$을 $a + b - 1 = 0$으로 바꾸면 식 $a + b - 1$이 나타 내는 값이 가지는 의미가 중요하다는 사실을 알 수 있어. 예 를 들어, $P(3, 2)$에서 $\dfrac{1}{2^4}$의 4는 $a + b - 1$이야.

300

테트라　역시. $a+b-1$이란 건 확실히 승부가 결정되기까지 동전을 던진 횟수가 돼요!

나　맞았어, 테트라. 그건

$$a + b - 1 = (a-1) + (b-1) + 1$$

로 생각하면 쉽게 알 수 있어. A와 B가 최대로 버텼다고 하자. 앞면이 $a-1$번 나오고 뒷면이 $b-1$번 나와도 아직 승부가 나지 않았어. 그런데 다시 한 번만 더 던지면 A와 B 중 어느 하나가 확실하게 이겨. 따라서 $a+b-1$은 확실히 승부가 날 때까지 동전을 던진 횟수라고 할 수 있어.

미르카　좌표평면을 보면 $P(a,b)$는 a, b로 나타낼 수 있어.

나　그래, 알았어. 이제 식과 그림의 대응도 정리해 보자.

$$P(3,2) = \frac{1}{2^4} \left\{ 1P(-1,2) + 4P(0,1) + 6P(1,0) + 4P(2,-1) + 1P(3,-2) \right\}$$

$$\vdots \qquad\qquad \vdots \qquad\qquad \vdots \qquad\qquad \vdots \qquad\qquad \vdots$$

Ⓐ　　　Ⓐ　　　Ⓑ　　　Ⓑ　　　Ⓑ

이렇게 A가 승리한 부분을 a와 b로 표현할 수 있으면 돼. 우선, $P(-1,2)$, $P(0,1)$, $P(1,0)$, $P(2,-1)$, $P(3,-2)$ 부분은 문자 k를 0, 1, 2, 3, 4로 나아간다고 생각하고,

$$P(k-2+1,\, 2-k)$$

로 쓸 수 있어. 여기에 나온 2는 P(3, 2)의 2에 해당하기 때문에 P(a, b)에 대입하면,

$$P(k-b+1, b-k)$$

로 쓸 수 있어. 이로써 P(a, b)를 $\sum$로 나타낼 수 있어.

$$P(3, 2) = \frac{1}{2^{3+2-1}} \sum_{k=0}^{3+2-1} \binom{3+2-1}{k} P(k-2+1, 2-k)$$

$$P(a, b) = \frac{1}{2^{a+b-1}} \sum_{k=0}^{a+b-1} \binom{a+b-1}{k} P(k-b+1, b-k)$$

미르카 $a+b-1$이 많이 나오네.

테트라 정말 그래요! 확실히 이건 중요한 식이에요.

나 응, 그럼 $n = a+b-1$로 놓고 정리하자.

$$P(a, b) = \frac{1}{2^n} \sum_{k=0}^{n} \binom{n}{k} P(k-b+1, b-k)$$

확실히 n은 승부가 결정될 때까지 동전을 던지는 횟수야.

테트라 아…, 이로써, 혹시 풀렸나요? 아, 아니군요. 우변에 아직 P가 남아 있어요.

나 아니야, 지금 여기서 오른쪽에 남아 있는 $P(k-b+1, b-k)$는 모두 0 아니면 1이야. 왜냐하면 $k-b+1$과 $b-k$ 중 어느

한쪽은 반드시 0 이하가 되기 때문이지.

테트라 어떻게 그렇게 되는 거죠…?

나 이유는 말이야,

$$(k - b + 1) + (b - k) = 1$$

이 돼. $k - b + 1$과 $b - k$의 양쪽 모두 1 이상일 수는 없고, 양쪽 모두 0 이하일 수도 없어.

미르카 좌표평면에서 생각하면 돼. 점 $(x, y) = (k - b + 1, b - k)$ 는 직선 $x + y = 1$ 위에 있어.

테트라 아, 맞아요.

나 그리고 A가 이기는 건 $x = k - b + 1 \leqq 0$을 충족할 때. 다시 말해 $k \leqq b - 1$일 때. 이것으로 풀렸다!

$$P(a, b) = \frac{1}{2^n} \sum_{k=0}^{b-1} \binom{n}{k}$$

테트라 B가 이길 확률은 $b - k \leqq 0$일 때이므로 $b \leqq k$일 때,

$$Q(a, b) = \frac{1}{2^n} \sum_{k=b}^{n} \binom{n}{k}$$

가 돼요!

$$P(a, b) = \frac{1}{2^n} \sum_{k=0}^{b-1} \binom{n}{k}$$

$$Q(a, b) = \frac{1}{2^n} \sum_{k=b}^{n} \binom{n}{k}$$

단, $n = a + b - 1$로 한다.

미르카 좋아, 이걸로 한 가지는 끝났네.

테트라 일반화한 '미완의 게임'의 확률을 나타낼 수 있어요! 다음은 무엇을 해볼까요?

"미지이기 때문에 미래로 향하는 의미가 있다."

보충

이 책 5장의 해답 5-2(304쪽)에 나온 것과 같은 이항계수 아래 지수에 관한 부분합은 일반적으로 닫힌 식으로는 나타낼 수 없다.[*]

---

[*] 《컴퓨터과학의 기초를 다지는 단단한 수학(Concrete Mathematics)》 참조

부록:계승, 순열, 조합, 이항계수

계승

0 이상의 정수 n에 대해 n!을 다음 식으로 정의한다.

$$n! = \begin{cases} n \times (n-1) \times \cdots \times 1 & n \geqq 1 \text{인 경우} \\ 1 & n = 0 \text{인 경우} \end{cases}$$

n!을 'n의 계승(팩토리얼)'이라고 한다. 예를 들어 5의 계승 5!는 다음과 같다.

$$5! = 5 \times 4 \times 3 \times 2 \times 1 = 120$$

순열

서로 다른 n개 중에서 k개를 뽑아 일렬로 늘어놓은 것을 'n개에서 k개를 선택하는 **순열**'이라 한다.

예를 들어, 5개의 숫자 1, 2, 3, 4, 5에서 3개를 뽑는 순열이 몇 가지인지를 생각해 보자.

- 첫 번째 숫자를 고르는 방법은 5가지
- 그 각각에 대해 두 번째 숫자를 고르는 방법은 4가지

- 그 각각에 대해 세 번째 숫자를 고르는 방법은 3가지

이므로,

$$5 \times 4 \times 3 = 60$$

이고, 5개에서 3개를 뽑는 순열은 모두 60개라는 것을 알 수 있다. 그 모두를 나열해 보자.

123	124	125	134	135	145	234	235	245	345
132	142	152	143	153	154	243	253	254	354
213	214	215	314	315	415	324	325	425	435
231	241	251	341	351	451	342	352	452	453
312	412	512	413	513	514	423	523	524	534
321	421	521	431	531	541	432	532	542	543

일반적으로 n 개에서 k개를 뽑는 순열의 수는

$$n \times (n-1) \times \cdots \times (n-k+1) = \frac{n!}{(n-k)!}$$

로 구할 수 있다.[*]

특히 n = k 의 경우, n 개에서 n 개를 뽑는 순열의 수는,

$$n!$$

---

[*] n개에서 k개를 선택하는 순열의 수는 $_nP_k$로 쓴다. $_5P_3 = 60$이다.

으로 구할 수 있다. 이것은 'n개를 나열해 놓은 순열의 수'라고
말할 수 있다.

조합

서로 다른 n개에서 순서와 상관없이 k개를 뽑는 방법을 'n개
에서 k개를 뽑는 조합'이라 한다.

5개의 숫자 1, 2, 3, 4, 5 중에서 3개를 뽑는 조합은 다음과 같
이 10개가 있다.

| 123 | 124 | 125 | 134 | 135 | 145 | 234 | 235 | 245 | 345 |

5개에서 3개를 뽑는 조합과 순열의 관계는 다음과 같이 표로
나타낼 수 있다.

5개에서 3개를 뽑는 조합

	123	124	125	134	135	145	234	235	245	345
abc	123	124	125	134	135	145	234	235	245	345
acb	132	142	152	143	153	154	243	253	254	354
bac	213	214	215	314	315	415	324	325	425	435
bca	231	241	251	341	351	451	342	352	452	453
cab	312	412	512	413	513	514	423	523	524	534
cba	321	421	521	431	531	541	432	532	542	543

3개를 정렬하는 순열

5개에서 조합으로 뽑은 3개의 숫자를 a, b, c라고 하면 그 3개

의 정렬에 따라 5개에서 3개를 뽑는 순열이 만들어지는 것을 알 수 있다. 그러므로,

5개에서 3개를 뽑는 조합의 수 (10)	×	3개에서 3개를 뽑는 순열의 수 (6)	=	5개에서 3개를 뽑는 순열의 수 (60)

이 된다. 따라서 5개에서 3개를 뽑는 조합의 수는

$$\frac{5개에서\ 3개를\ 뽑는\ 순열의\ 수}{3개에서\ 3개를\ 뽑는\ 순열의\ 수} = \frac{5 \times 4 \times 3}{3 \times 2 \times 1} = \frac{60}{6} = 10$$

으로 얻을 수 있다. 일반적으로 n개에서 k개를 뽑는 조합의 수는,

$$\frac{n \times (n-1) \times \cdots \times (n-k+1)}{k \times (k-1) \times \cdots \times \quad 1} = \frac{n!}{k!(n-k)!}$$

으로 구할 수 있다.※

※ n개의 원소에서 k개를 뽑는 조합의 수는 $_nC_k$로 쓴다.

이항계수

0 이상의 정수 n, k에 대해 이항계수 $\binom{n}{k}$를

$$\binom{n}{k} = \begin{cases} \dfrac{n!}{k!(n-k)!} & n \geq k\text{인 경우} \\ \\ 0 & n < k\text{인 경우} \end{cases}$$

로 정의한다. 예를 들어, 이항계수 $\binom{5}{3}$는

$$\binom{5}{3} = \frac{5!}{3!(5-3)!} = \frac{5 \times 4 \times 3 \times 2 \times 1}{(3 \times 2 \times 1)(2 \times 1)} = \frac{5 \times 4 \times 3}{3 \times 2 \times 1} = 10$$

이 되고, 5개에서 3개를 뽑는 조합의 수와 동일해진다.

작은 n과 k에 대한 이항계수 $\binom{n}{k}$를 다음의 표로 나타낸다.

n	$\binom{n}{0}$	$\binom{n}{1}$	$\binom{n}{2}$	$\binom{n}{3}$	$\binom{n}{4}$	$\binom{n}{5}$	$\binom{n}{6}$
0	1	0	0	0	0	0	0
1	1	1	0	0	0	0	0
2	1	2	1	0	0	0	0
3	1	3	3	1	0	0	0
4	1	4	6	4	1	0	0
5	1	5	10	10	5	1	0
6	1	6	15	20	15	6	1

이 표에 파스칼의 삼각형이 나타나는 것을 알 수 있다.

부록:기댓값

확률에 따른 가중평균

번호 ①과 ② 중 어느 하나가 적힌 여러 장의 카드를 잘 섞은 다음, 그중에서 1장을 뽑는 실험을 한다. 뽑은 카드 번호에 따라 얻을 수 있는 상금이 다음과 같이 결정된다.

- 카드 ①을 뽑으면 상금은 x_1원
- 카드 ②를 뽑으면 상금은 x_2원

각각의 카드를 뽑을 확률은 다음과 같다.

- 카드 ①을 뽑을 확률은 p_1
- 카드 ②를 뽑을 확률은 p_2

이때, 각각의 상금에 확률을 곱하여 모두 더한 값, 즉,

$$x_1 p_1 + x_2 p_2$$

는 상금의 **확률에 따른 가중평균**을 얻은 것으로, 얻을 수 있는 상금의 평균값을 나타낸다고 생각할 수 있다.

기댓값

앞의 이야기를 일반화한다.

'카드를 뽑아 얻을 수 있는 상금'처럼 실험 결과로 값이 정해지는 경우를 일반적으로 **확률변수**라고 부른다.

한 실험의 확률변수 X가 있고. 그 확률변수 X는 한 번의 실험으로 n개의 값 $x_1, x_2, ..., x_n$ 중 하나를 얻는 것으로 한다. 그리고 각각의 값이 나올 확률은 다음과 같다.

- 값 x_1을 얻을 확률은 p_1
- 값 x_2를 얻을 확률은 p_2
- ...
- 값 x_n을 얻을 확률은 p_n

이때 각각의 값에 확률을 곱하여 모두 더한 값, 즉

$$x_1 p_1 + x_2 p_2 + \cdots + x_n p_n$$

의 값을 확률변수 X의 기댓값이라고 한다. 확률변수 X의 기댓값을

$$E[X]$$

로 나타낸다. 즉,

$$E[X] = x_1 p_1 + x_2 p_2 + \cdots + x_n p_n$$

이다. 확률변수 X의 기댓값은 각 값의 **확률에 따른 가중평균**으로, 확률변수 X가 얻는 평균값을 나타낸다고 할 수 있다. 확률변수 X의 기댓값은 ∑를 이용해 다음과 같이 나타낼 수 있다.

$$E[X] = \sum_{k=1}^{n} x_k p_k$$

또한 확률변수 X가 값 x_k를 얻을 확률을 $Pr(X = x_k)$로 나타내면 확률변수 X의 기댓값은 다음과 같이 나타낼 수도 있다.

$$E[X] = \sum_{k=1}^{n} x_k \, Pr(X = x_k)$$

'미완의 게임'과 기댓값

5장의 '미완의 게임'에서는 게임을 중단할 때 상금을 어떤 방식으로 분배할 것인가에 관해 생각해 보았다. '이길 확률로 분배하는 방법'(245쪽)은 상금을 확률변수로 보고 그 기댓값으로 분배하는 것과 같다.

게임을 끝까지 계속하여 A가 얻을 상금을 확률변수 X로 나타낸다. 승자가 상금을 모두 가지는 규칙이므로 확률변수 X가 얻을 수 있는 값은 다음의 경우이다.

- A가 이긴 경우, $x_1 = $ 상금액
- A가 진 경우, $x_2 = 0$

그리고, 확률은 다음과 같다.

- 확률변수 X가 x_1을 얻을 확률은 Pr(A) (A가 이길 확률)
- 확률변수 X가 x_2를 얻을 확률은 Pr(B) (B가 이길 확률)

이때, 확률변수 X의 기댓값 E[X]는 정의로부터,

$$E[X] = x_1 \Pr(A) + x_2 \Pr(B)$$

가 되지만, $x_1 = $ 상금액이고, $x_2 = 0$이므로,

$$E[X] = 상금액 \times \Pr(A)$$

이 된다. 그리고 이것은 확실히 245쪽의 '이길 확률로 분배하는 방법'이 된다.

갬블과 기댓값

갬블(도박)을 실험으로 간주하고, 얻을 수 있는 상금을 확률변수 X로 한다. 또 얻을 수 있는 구체적인 상금 x_1, x_2, ..., x_n과 각각의 확률 p_1, p_2, ..., p_n을 알고 있다고 하자. 이때, 확률변수 X의 기댓값

$$E[X] = x_1 p_1 + x_2 p_2 + \cdots + x_n p_n$$

은 갬블에서 얻을 수 있는 평균 상금을 나타낸다고 생각할 수 있다.

한 번 갬블에 참가하는 데 드는 비용을 C라고 하면 평균적으로 E[X]를 얻기 위해 C를 지불하게 되므로 1회당 참가자의 평균 이익은,

$$E[X] - C$$

가 된다.

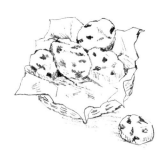

제5장의 문제

●●● 문제 5-1 (이항계수)

$(x+y)^n$을 전개하면, $x^k y^{n-k}$의 계수는 이항계수 $\binom{n}{k}$와 같아진다($k = 0, 1, 2, \cdots, n$). 이것을 작은 n을 이용해 실제로 계산해 확인해 보자.

① $(x+y)^1 =$

② $(x+y)^2 =$

③ $(x+y)^3 =$

④ $(x+y)^4 =$

(해답은 p.395)

본문의 '미완의 게임'에서 A는 나머지 a점으로 이기고 B는 나머지 b점으로 이긴다. 지금부터 승자가 결정될 때까지 동전을 몇 번 던져야 할까? 동전을 던지는 횟수를 최소 m번, 최대 M번으로 하여 m과 M을 구하시오. 단, a와 b는 모두 1 이상의 정수로 한다.

(해답은 p.398)

제비뽑기

모일, 모시. 수학 자료실에서.

소녀 선생님, 이게 무엇인가요?

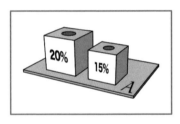 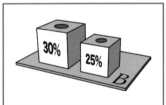

선생님 뭐라고 생각하니?

소녀 퍼센트가 적힌 상자가 있어요.

선생님 제비뽑기 상자란다. 두 개의 받침대 A, B가 있고, 그 위
　　　에는 제비뽑기 상자가 2개씩 놓여 있어. 큰 상자와 작은 상

자, 4개의 상자 각각에 제비가 몇 장씩 들어 있는지는 알 수
없어. 하지만 1장을 뽑았을 때 당첨될 확률이 각각의 상자
에 적혀 있어.

	큰 상자	작은 상자
받침대 A	20%	15%
받침대 B	30%	25%

당첨될 확률

소녀 두 받침대 모두 큰 상자 쪽이 당첨이 더 잘 나오게 되어
있어요!

$$20\% > 15\% \qquad 30\% > 25\%$$
받침대 A 　　　　　 받침대 B

선생님 맞아. 그런데 받침대가 두 개라 자리를 차지하니까 양쪽
의 뽑기를 하나의 받침대 C로 모으기로 하자.

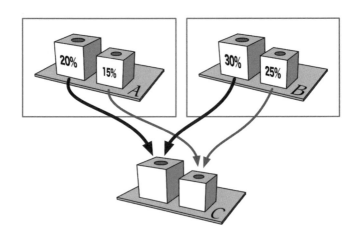

소녀 큰 상자끼리, 작은 상자끼리 합치는 거죠?

선생님 그래. 합친 뒤의 확률은 모르지만 받침대 C로 합친 후에도 큰 상자 쪽 당첨 확률이 높겠지?

소녀 그건 그래요. 어떤 받침대든 큰 상자 쪽이 당첨 가능성이 높으니까요.

선생님 이런 점 때문에 확률이 어려운 거야.

소녀 이런 점이라면… 어떤 것을 말씀하시는 거예요?

선생님 직관이 틀려 올바른 답을 찾지 못하는 점이지.

소녀 올바른 답이라면, 아직 문제도 내지 않으셨잖아요, 선생님.

선생님 '두 상자를 합친 뒤에도 큰 상자 쪽 당첨 확률이 높겠지?' 이것이 문제였어.

소녀 …?

선생님 받침대 C로 모았을 때, 큰 상자 쪽 당첨 확률이 낮아지는 경우가 있거든.

소녀 선생님, 그런 일이 생길 리가 없어요. 받침대 A든 B든 큰 상자가 당첨 확률이 더 높아요. 다시 말해, 당첨 비율이 높은 거죠. 비율이 높은 것끼리 합쳤더니 반대로 비율이 낮아지는 경우가 있나요?

선생님 반대의 경우가 생기는 구체적인 예를 만들어 보자. 가령 지금 전체 매수가 다음과 같다고 하자. 받침대 A와 B의 큰 상자끼리, 작은 상자끼리 합친 것이 받침대 C가 되지.

	큰 상자	작은 상자
받침대 A	1,000매	1,000매
받침대 B	250매	4,000매
받침대 C	1,250매	5,000매

전체 매수

소녀 …당첨 매수를 계산해 보겠습니다.

	큰 상자	작은 상자
받침대 A	$1,000 \times 20\% = 200$매	$1,000 \times 15\% = 150$매
받침대 B	$250 \times 30\% = 75$매	$4,000 \times 25\% = 1000$매
받침대 C	$200 + 75 = 275$매	$150 + 1,000 = 1150$매

당첨 매수

선생님 이걸로 확률도 계산할 수 있어.

소녀 네, 받침대 C의 상자에서 당첨이 나올 확률을 계산하겠습니다.

받침대 C의 큰 상자 (1,250매 중, 당첨은 275매)

$$\frac{275}{1250} = 0.22 = \underline{22\%}$$

받침대 C의 작은 상자 (5,000매 중, 당첨은 1,150매)

$$\frac{1150}{5000} = 0.23 = \underline{23\%}$$

확실히 작은 상자 쪽 확률이 높아요!

	큰 상자	작은 상자
받침대 A	$\dfrac{200매}{1,000매} = 20\%$	$\dfrac{150매}{1,000매} = 15\%$
받침대 B	$\dfrac{75매}{250매} = 30\%$	$\dfrac{1,000매}{4,000매} = 25\%$
받침대 C	$\dfrac{275매}{1,250매} = 22\%$	$\dfrac{1,150매}{5,000매} = 23\%$

당첨 확률

선생님 의외의 결과가 나오지. 그러므로 퍼센트가 나오면 꼭, 꼭, 꼭!

'전체는 무엇인가'

라고 물어봐야만 해.

소녀 그런데 선생님. 이 제비뽑기의 경우에는 무엇이 전체인지 모르겠어요.

선생님 그래. 이 제비뽑기의 경우에는 각 상자의 퍼센트는 알 수 있어. 하지만, 상자에 들어 있는 뽑기의 매수는 알 수 없어. 다시 말해 상자에 따라 진제가 날라실 가능성이 있지. 따라서 합쳤을 때 뜻밖의 일이 생길 수도 있어. 퍼센트가 아니라 매수라는 '실제의 값'을 확인하지 않으면 낭패를 보게 될 거야.

소녀 보통은 제비뽑기를 합치지는 않지만요.

선생님 그렇다면 이런 표는 어떨까? 한 자격시험의 합격률을
학교별와 성별로 구분해 표로 만들었어. 이건 어디까지나 가
공의 예지만, 이런 표가 있다면 어떨까?

	남성	여성
학교 A	20%	15%
학교 B	30%	25%

자격시험의 합격률 (학교별)

소녀 학교 A도 학교 B도 남자 쪽이 합격률이 높아요…. 이건 앞
의 제비뽑기와 같은 퍼센트예요. 선생님.

선생님 맞아. 다시 말해, 제비뽑기 매수를 인원수로 바꿀 수 있
어. 큰 상자를 남성으로, 작은 상자를 여성으로, 그리고 당첨
을 합격으로 바꿀 수 있지.

소녀 제비뽑기를 합친 건 학교 A와 B의 합계인가요?

선생님 그래. 만약에 제비뽑기의 매수와 같은 인원수가 있다면
제비뽑기를 합쳤을 때의 계산과 똑같은 계산이 되어 다음의
표를 만들 수 있지.

	남성	여성
합격률	22%	23%

자격시험의 합격률 (합계)

소녀 합하면 뒤바뀌어서 여성 쪽 합격률이 높아져요!

선생님 실생활에서 제비뽑기를 합치는 경우는 없을지도 몰라. 하지만, 이런 표는 보게 되어도 이상할 것이 없어. 완전히 동일한 데이터로 계산해도 학교별로 할 것인지, 합해서 할 것인지에 따라 비율의 대소가 뒤바뀔 수 있어. 데이터에 거짓은 없어. 계산에도 거짓은 없어. 그런데도 인상이 많이 다르지.

소녀 어떡하면 좋을까요? 퍼센트를 봤을 때는 '전체는 무엇인가'를 생각하고 주의하면 될까요?

선생님 그래. 게다가 퍼센트를 보았을 때에는 '실제의 값'도 생각하자. 합격률을 보게 되면, 합격수도 조사해 보는 거지. 그렇게 해서 주의를 하는 거야.

트럼프 카드

소녀 선생님, 여기에 있는 카드도 문제인가요?

조커를 제외한 52장의 카드

선생님 조커를 제외한 카드 52장을 잘 섞은 다음 거기서 1장을
뽑았어. 예를 들어, ♡Q이 나왔어.

$$\boxed{♡Q}$$

나온 카드는 메모해 두도록.

소녀 네.

선생님 메모했으면, 지금 뽑은 카드를 원래 카드 묶음에 다시
넣어. 그리고 카드 52장을 잘 섞은 다음 거기서 1장을 다시
뽑는 거야. 예를 들어, ♣2가 나왔다면 그것을 메모해.

이렇게 카드를 뽑고 메모하는 작업을 10번 반복해.

소녀 네, 10번 반복했어요.

선생님 그 10번 중에 같은 카드가 다시 나올까?

소녀 다시 나온다는 말은 예를 들어, 3번째와 7번째에 ♠A가
나오는 경우를 말씀하시는 거예요?

3번째와 7번째에 ♠A가 다시 나온 예

선생님 그래. 물론 다시 나오지 않을 수도 있어.

같은 카드가 다시 나오지 않은 예

소녀 3번 이상 나온 경우도 다시 나왔다고 하나요?

3번째와 7번째, 10번째에 ♠A가 다시 나온 예

선생님 그렇지.

소녀 카드는 모두 52장이나 되니까 10번 정도 뽑아서는 좀처
럼 다시 나오지 않을 거예요. 20번 정도 반복하면 다시 나올
것 같긴 하지만….

선생님 다시 나올 확률을 계산해 보자.

소녀 모든 경우의 수는 52^{10}가지예요. 다시 나오는 경우의 수는… 이건 10번이 아니라 '작은 수로 생각'하는 것이 좋을 것 같아요.

선생님 그렇지.

소녀 예를 들어, 3번 다시 나오는 경우를 생각하면

- 1번째는 어떤 카드든 다시 나오지 않는다.
- 2번째는 1번째와 같은 카드가 나온다.
- 3번째는 1번째나 2번째와 같은 카드가…

선생님, 이거 어려워요. 1번째와 2번째가 같은 경우가 있으니까요.

선생님 맞아.

소녀 1번째는 무엇이든 상관없어요. 2번째는 1번째와 같으면 재등장이고 아니면 재등장이 아니죠. 여기까지는 분명해요. 그런데 3번째는 그렇게 명확하지 않아요. 경우에 따른 구분이 필요해요. 어려워요!

선생님 ….

소녀 1번째는 52장 모두 재등장이 아니에요. 2번째는 1번째와 같은 카드면 재등장이고, 1번째와 다른 51장이라면 재등장이 아니에요…. 알았어요! 재등장이 아닌 쪽을 찾는 거예요!

선생님 제법인데!

소녀 '재등장하지 않을 확률'을 알면 '재등장할 확률'도 알 수 있어요!

선생님 여사건인 걸 잘 깨달았구나.

소녀 카드를 뽑을 때마다 지금까지 나온 것과 다른 카드가 계속 나올 경우의 수를 생각해요.

- 1번째는 어떤 카드를 뽑아도 재등장이 아니다. <u>52가지</u>가 있다.

- 2번째는 1번째와 다른 카드를 뽑으면 재등장이 아니다. <u>51가지</u>가 있다.

- 3번째는 1, 2번째와 다른 카드를 뽑으면 재등장이 아니다. <u>50가지</u>가 있다.

- 4번째는 3번째까지 나온 카드와 다른 것을 뽑으면 재등장이 아니다. <u>49가지</u>가 있다.

- 5번째는 4번째까지 나온 카드와 다른 것을 뽑으면 재등장이 아니다. <u>48가지</u> 있다.

- 6번째는 5번째까지 나온 카드와 다른 것을 뽑으면 재등장이 아니다. <u>47가지</u>가 있다.

- 7번째는 6번째까지 나온 카드와 다른 것을 뽑으면 재등장이 아니다. <u>46가지</u>가 있다.

- 8번째는 7번째까지 나온 카드와 다른 것을 뽑으면 재등장이 아니다. <u>45가지</u>가 있다.

- 9번째는 8번째까지 나온 카드와 다른 것을 뽑으면 재등장이 아니다. <u>44가지</u>가 있다.

- 10번째는 9번째까지 나온 카드와 다른 것을 뽑으면 재등장이 아니다. <u>43가지</u>가 있다.

소녀 그러므로 재등장하지 않을 경우의 수는

$$\underbrace{52 \times 51 \times 50 \times 49 \times 48 \times 47 \times 46 \times 45 \times 44 \times 43}_{10개}$$

이 되고, 재등장하지 않을 확률은

$$\frac{52 \times 51 \times 50 \times 49 \times 48 \times 47 \times 46 \times 45 \times 44 \times 43}{52 \times 52 \times 52 \times 52 \times 52 \times 52 \times 52 \times 52 \times 52 \times 52}$$

$$= \frac{57407703889536000}{144555105949057024}$$

$$= 0.39713 \cdots$$

이 돼요. 그러므로, 재등장할 확률은,

$$1 - 0.39713 \cdots = 0.60287 \cdots$$

이에요. 재등장할 확률은 약 60%네요!?

선생님 놀라운데.

소녀 놀라워요…!

선생님 만약 20번 반복하면 확률은 약 99%가 돼. n번 반복했을 때 재등장할 확률 P(n)는 다음과 같으니까.

$$P(n) = 1 - \frac{52}{52} \times \frac{51}{52} \times \frac{50}{52} \cdots \frac{53-n}{52}$$

$$= 1 - \prod_{k=1}^{n} \frac{53-k}{52}$$

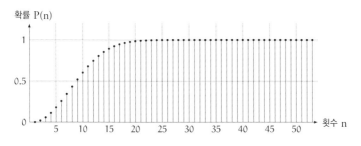

n회 반복했을 때 같은 카드가 재등장할 확률 P(n)

소녀 이렇게 급격히 늘어나는군요!

선생님 53번째에 재등장할 확률은 정확히 1이 되고, 물론 그 이

상도 확률은 1이야.

소녀 **비둘기 집의 원리예요!**

- 52개의 집에 53마리의 비둘기가 들어가면
  2마리 이상 들어간 집이 있다.
- 52장의 카드를 53번 뽑으면
  2번 이상 나오는 카드가 있다.

선생님 맞아. 같은 계산을 **생일**에 적용할 수도 있어. 트럼프 카드 52장 대신에 1년의 일수를 윤년 기준 366일로 계산하고, 태어날 확률은 모든 날이 같다고 가정하기로 하자. 무작위로 뽑은 n명 그룹에서 생일이 같은 사람이 있을 확률을 Q(n)으로 하면,

$$Q(n) = 1 - \frac{366}{366} \times \frac{365}{366} \times \frac{364}{366} \cdots \frac{367-n}{366}$$

$$= 1 - \prod_{k=1}^{n} \frac{367-k}{366}$$

가 돼. 이렇게 되면 23명 그룹에 생일이 같은 사람이 존재할 확률은 50%가 넘고, 50명 그룹의 경우에는 확률이 약 97%가 돼.

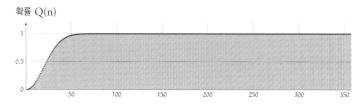

확률 Q(n)

n명 그룹에서 생일이 같은 사람이 있을 확률 Q(n)

소녀 놀라워요!

선생님 놀랍지. 이것을 **생일의 역설**이라고 불러.

소녀 생일의 역설은 의외로 빨리 비둘기 집이 차는 역설이군
요. 이른바 '확률적인 비둘기의 집 원리'인가요!

소녀는 그렇게 말하고는 '크크크' 하며 웃었다.

해답

제1장의 해답

●●● 문제 1-1 (동전을 2번 던진다)

공정한 동전을 2번 던지기로 한다. 이 때,

ⓞ '앞면'이 0번 나온다.
① '앞면'이 1번 나온다.
② '앞면'이 2번 나온다.

이 3가지 중 어느 하나의 경우가 발생한다.
따라서 ⓞ, ①, ②가 일어날 확률은 모두 $\frac{1}{3}$이다.

이 설명의 잘못된 점을 이야기하고 올바른 확률을 구하시오.

〈해답 1-1〉

공정한 동전을 두 번 던질 때 'ⓞ, ①, ②의 세 경우 중 어느 하나가 일어난다.' 이것은 올바른 주장이다.
하지만 여기서 'ⓞ, ①, ②가 일어날 확률은 모두 $\frac{1}{3}$'이라는 결론을 끌어내지 못한다. 왜냐하면 'ⓞ, ①, ②는 일어날 가능성이 동일하다'라는 가정이 성립되지 않기 때문이다.

정의(33쪽)에 따라 확률을 구한다.

공정한 동전을 두 번 던질 때 일어날 수 있는 일을 다음과 같이
생각할 수 있다.

- '뒤뒤'가 나온다 (첫 번째는 뒷면, 두 번째도 뒷면이 나온다).
- '뒤앞'이 나온다 (첫 번째는 뒷면, 두 번째는 앞면이 나온다).
- '앞뒤'가 나온다 (첫 번째는 앞면, 두 번째는 뒷면이 나온다).
- '앞앞'이 나온다 (첫 번째는 앞면, 두 번째도 앞면이 나온다).

이때,

- 네 경우 중 어느 하나가 일어난다.
- 네 경우 중, 한 가지가 일어난다.
- 네 경우 모두 일어날 가능성이 동일하다.

이같이 말할 수 있으므로, '뒤뒤', '뒤앞', '앞뒤', '앞앞'이 나올 확
률은 모두 $\frac{1}{4}$이다.

그리고 ⓪, ①, ②가 일어나는 올바른 확률은,

⓪ '앞'이 0번 나오는 것은 4가지 중에 '뒤뒤'의 1가지이므로
  확률은 $\frac{1}{4}$이다.

① '앞'이 1번 나오는 것은 4가지 중에 '뒤앞' 또는 '앞뒤' 2가

지이므로 확률은 $\frac{2}{4} = \frac{1}{2}$이다.

② '앞'이 2번 나오는 것은 4가지 중에 '앞앞'의 1가지이므로
확률은 $\frac{1}{4}$이다.

●●● **문제 1-2 (주사위를 던진다)**

공정한 주사위를 1번 던지기로 한다. 이때, 다음 ⓐ~ⓔ의 확률을
각각 구하시오.

ⓐ 3이 나올 확률

ⓑ 짝수의 눈이 나올 확률

ⓒ 짝수 또는 3의 배수의 눈이 나올 확률

ⓓ 6보다 큰 눈이 나올 확률

ⓔ 6 이하의 눈이 나올 확률

〈해답 1-2〉

정의(33쪽)에 따라 확률을 구하자.

공정한 주사위를 1번 굴릴 때는,

1, 2, 3, 4, 5, 6

의 6가지가 나올 가능성이 있다. 그리고,

- 6가지 중 어느 하나가 일어난다.
- 6가지 중, 한 가지가 일어난다.
- 6가지 모두 일어날 가능성이 동일하다.

이것이 성립된다. 따라서 ⓐ~ⓔ가 일어날 경우의 수를 구하면 각각의 확률을 구할 수 있다.

ⓐ 6가지 중, ⚂이 나오는 경우는 한 가지이다. 따라서 ⚂이 나올 확률은 $\frac{1}{6}$이다.

ⓑ 6가지 중, 짝수 눈이 나오는 건 ⚁, ⚃, ⚅의 3가지이다. 따라서 짝수의 눈이 나올 확률은 $\frac{3}{6} = \frac{1}{2}$이다.

ⓒ 6가지 중, 짝수 또는 3의 배수인 눈이 나오는 경우는 ⚁, ⚂, ⚃, ⚅의 4가지이다. 따라서 짝수 또는 3의 배수의 눈이 나올 확률은 $\frac{4}{6} = \frac{2}{3}$이다. ⚅은 짝수와 3의 배수에 모두 해당되므로 중복해서 세지 않도록 주의한다.

ⓓ 6가지 중, ⚅보다 큰 눈이 나오는 경우는 0가지이다. 따라서 ⚅보다 큰 눈이 나올 확률은 $\frac{0}{6} = 0$이다.

ⓔ 6가지 중, ⚅ 이하의 눈이 나오는 경우는 ⚀, ⚁, ⚂, ⚃,

 의 6가지이다. 따라서  이하의 눈이 나올 확률은
$\frac{6}{6} = 1$이다.

답: ⓐ $\frac{1}{6}$, ⓑ $\frac{1}{2}$, ⓒ $\frac{2}{3}$, ⓓ 0, ⓔ 1

●●● **문제 1-3 (확률을 비교한다)**

공정한 동전을 5번 던지기로 한다. 확률 p와 q를 각각,

$$p = 결과가 '앞앞앞앞앞'이 될 확률$$
$$q = 결과가 '뒤앞앞앞뒤'가 될 확률$$

이라 했을 때, p와 q의 크기를 비교하시오.

〈해답 1-3〉

공정한 동전을 5번 던질 때 일어날 가능성이 있는 경우는 모두 2 × 2 × 2 × 2 × 2 = 2^5 = 32가지이다.

뒤뒤뒤뒤뒤	뒤앞뒤뒤뒤	앞뒤뒤뒤뒤	앞앞뒤뒤뒤
뒤뒤뒤뒤앞	뒤앞뒤뒤앞	앞뒤뒤뒤앞	앞앞뒤뒤앞
뒤뒤뒤앞뒤	뒤앞뒤앞뒤	앞뒤뒤앞뒤	앞앞뒤앞뒤
뒤뒤뒤앞앞	뒤앞뒤앞앞	앞뒤뒤앞앞	앞앞뒤앞앞
뒤뒤앞뒤뒤	뒤앞앞뒤뒤	앞뒤앞뒤뒤	앞앞앞뒤뒤
뒤뒤앞뒤앞	뒤앞앞뒤앞	앞뒤앞뒤앞	앞앞앞뒤앞
뒤뒤앞앞뒤	**뒤앞앞앞뒤**	앞뒤앞앞뒤	앞앞앞앞뒤
뒤뒤앞앞앞	뒤앞앞앞앞	앞뒤앞앞앞	**앞앞앞앞앞**

여기서,

- 32가지 중 어느 하나가 일어난다.
- 32가지 중, 한 가지가 일어난다.
- 32가지 모두 일어날 가능성이 동일하다.

라고 말할 수 있다. '앞앞앞앞앞'이 일어나는 경우는 32가지 중에 1가지이고, '뒤앞앞앞뒤'가 일어나는 경우도 32가지 중에 1가지이다. 따라서,

$$p = 결과가\ '앞앞앞앞앞'이\ 될\ 확률 = \frac{1}{32}$$
$$q = 결과가\ '뒤앞앞앞뒤'가\ 될\ 확률 = \frac{1}{32}$$

이 되어,

$$p = q$$

라고 말할 수 있다.

답: $p = q$ (p와 q는 동일하다)

●●● 문제 1-4 (앞면이 2번 나올 확률)

공정한 동전을 5번 던졌을 때, 앞면이 정확히 2번 나올 확률을 구하시오.

〈해답 1-4〉

공정한 동전을 5번 던졌을 때 일어날 가능성이 있는 경우는 모두 $2 \times 2 \times 2 \times 2 \times 2 = 2^5 = 32$가지이다.

뒤뒤뒤뒤뒤	뒤앞뒤뒤뒤	앞뒤뒤뒤뒤	**앞앞뒤뒤뒤**
뒤뒤뒤뒤앞	**뒤앞뒤뒤앞**	**앞뒤뒤뒤앞**	앞앞뒤뒤앞
뒤뒤뒤앞뒤	**뒤앞뒤앞뒤**	**앞뒤뒤앞뒤**	앞앞뒤앞뒤
뒤뒤뒤앞앞	뒤앞뒤앞앞	앞뒤뒤앞앞	앞앞뒤앞앞
뒤뒤앞뒤뒤	**뒤앞앞뒤뒤**	**앞뒤앞뒤뒤**	앞앞앞뒤뒤
뒤뒤앞뒤앞	뒤앞앞뒤앞	앞뒤앞뒤앞	앞앞앞뒤앞
뒤뒤앞앞뒤	뒤앞앞앞뒤	앞뒤앞앞뒤	앞앞앞앞뒤
뒤뒤앞앞앞	뒤앞앞앞앞	앞뒤앞앞앞	앞앞앞앞앞

여기서,

- 32가지 중 어느 하나가 일어난다.

- 32가지 중, 한 가지가 일어난다.

- 32가지 모두 일어날 가능성이 동일하다.

라고 말할 수 있다. 앞면이 2번 나오는 경우는 굵은 글씨의 10가지이므로 구하는 확률은

$$\frac{10}{32} = \frac{5}{16}$$

가 된다.

답: $\frac{5}{16}$ (0.3125도 동일)

다른 해법 1

일어날 가능성이 있는 모든 경우를 나열하지 않아도 경우의 수를 얻을 수 있다면 확률을 구할 수 있다.

공정한 동전을 5번 던졌을 때 1~5번째 중 어디서 앞면이 나올까를 생각한다. 1~5번째 다섯 곳 어딘가에서 앞면이 하나 나오고 그 각각에 대해 나머지 네 곳 어딘가에서 앞면이 또 하나 나오게 되므로 5 × 4 = 20가지의 경우가 있다. 그러나 이 계산으로는 '두 번째와 다섯 번째' 그리고 '다섯 번째와 두 번째'처럼 두

번 중복해서 세는 경우가 생기므로 20을 2로 나누면 경우는 10가지가 된다.

따라서 32가지 중에 앞면이 두 번 나오는 것은 10가지이며, 구하는 확률은

$$\frac{10}{32} = \frac{5}{16}$$

가 된다.

답: $\frac{5}{16}$ (0.3125도 동일)

다른 해법 2

공정한 동전을 5번 던지는 동안 1~5번째 중 두 곳에서 앞면이 나오는 경우의 수를 구한다. 이것은 5곳 중에서 2곳을 선택하는 조합의 수가 되므로,

5곳 중 2곳을 선택하는 조합의 수 $= \binom{5}{2}$ (이것은 $_5C_2$와 동일)

$$= \frac{5 \times 4}{2 \times 1}$$

$$= 10$$

이므로, 10가지 경우가 있다.

따라서 32가지 중에서 앞면이 두 번 나오는 경우는 10가지이고,

구하는 확률은,

$$\frac{10}{32} = \frac{5}{16}$$

가 된다.

답: $\frac{5}{16}$ (0.3125도 동일)

●● **문제 1-5 (확률값의 범위)**

어떤 확률을 p라고 했을 때,

$$0 \leqq p \leqq 1$$

이 성립함을 확률의 정의(33쪽)를 이용해 증명하시오.

〈해답 1-5〉

증명

확률의 정의(33쪽)에 따라 총 N가지 중, n가지 어느 하나가 일어날 확률 p는

$$p = \frac{n}{N}$$

이 된다. 여기서 N은 '모든 경우의 수'이고, n은 '주목하는 경우

의 수'이므로,

$$0 \leqq n \leqq N$$

이 성립한다. $N > 0$이므로 0, n, N을 각각 N으로 나누어도 부등호의 방향은 바뀌지 않는다. 따라서,

$$\frac{0}{N} \leqq \frac{n}{N} \leqq \frac{N}{N}$$

즉,

$$0 \leqq \frac{n}{N} \leqq 1$$

이 성립하며,

$$0 \leqq p \leqq 1$$

을 나타낼 수 있다.(증명 완료)

제2장의 해답

●●● **문제 2-1 (12장의 카드)**

12장의 그림카드를 잘 섞은 다음 1장을 뽑는다. 이때, ①~⑤의
확률을 각각 구하시오.

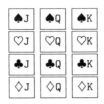

12장의 그림카드

① ♡Q이 나올 확률

② J 또는 Q이 나올 확률

③ ♠가 나오지 않을 확률

④ ♠ 또는 K이 나올 확률

⑤ ♡ 이외의 Q이 나올 확률

〈해답 2 1〉

12장의 그림카드를 잘 섞은 뒤에 뽑기 때문에 어떤 카드나 나올
가능성은 동일하다고 가정할 수 있다. 따라서 경우의 수를 이용

해 확률을 구할 수 있다.

① 모두 12가지 중에서 ♡Q이 나오는 경우는 다음의 한 가지이다.

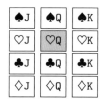

따라서, ♡Q가 나올 확률은 $\frac{1}{12}$이다.

② 모두 12가지 중에서 J 또는 Q이 나오는 경우는 다음의 8가지이다.

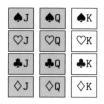

따라서, J 또는 Q이 나올 확률은 $\frac{8}{12} = \frac{2}{3}$이다. 또한, 이 확률은 J이 나올 확률 $\frac{1}{3}$과 Q이 나올 확률 $\frac{1}{3}$의 합과 같아진다.

③ 모두 12가지 중에서 ♠가 나오지 않는 경우는 다음의 9가지이다.

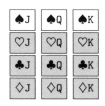

따라서 ♠가 나오지 않을 확률은 $\frac{9}{12} = \frac{3}{4}$이다. 또한 이 확률은 1에서 ♠가 나올 확률 $\frac{1}{4}$을 뺀 값과 같아진다.

④ 모두 12가지 중에서 ♠ 또는 K이 나오는 경우는 다음의 6가지이다.

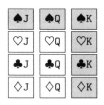

따라서 ♠ 또는 K이 나올 확률은 $\frac{6}{12} = \frac{1}{2}$이다. 또한 ♠K을 중복해서 세지 않도록 주의하자.

⑤ 모두 12가지 중에서 ♡ 이외의 Q이 나오는 경우는 다음의 3가지이다.

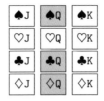

따라서, ♡ 이외의 Q이 나올 확률은 $\frac{3}{12} = \frac{1}{4}$이다.

답: ① $\frac{1}{12}$, ② $\frac{2}{3}$, ③ $\frac{3}{4}$, ④ $\frac{1}{2}$, ⑤ $\frac{1}{4}$

●●● 문제 2-2 (2개의 동전 중 첫 번째가 앞면)

2개의 공정한 동전을 순서대로 던졌더니 첫 번째에 앞면이 나왔다. 이때, 동전 2개 모두 앞면일 확률을 구하시오.

⟨해답 2-2⟩

2개의 동전을 차례대로 던졌을 때 일어날 가능성은 다음의 4가지가 있다.

$$\boxed{뒤뒤}\ \boxed{뒤앞}\ \boxed{앞뒤}\ \boxed{앞앞}$$

하지만, 첫 번째 동전이 앞면이 나오는 경우는 다음의 두 가지이다.

$$\boxed{앞뒤} \quad \boxed{앞앞}$$

이 중에서 두 동전 모두 앞면이 나오는 경우는 '앞앞' 한 가지이다. 따라서 구하는 확률은,

$$\frac{\boxed{}\ \boxed{앞앞}}{\boxed{앞뒤}\ \boxed{앞앞}} = \frac{1}{2}$$

이 된다.

$$답: \frac{1}{2}$$

다른 해법

첫 번째가 앞면인 것은 이미 알고 있으므로 두 장 모두 앞면이 나오는 경우는 두 번째 동전이 앞면일 때이다. 두 번째 동전을 던졌을 때 앞면이 나올 확률은 $\frac{1}{2}$이므로 구하는 확률은 $\frac{1}{2}$이다.

$$답: \frac{1}{2}$$

●●● **문제 2-3 (2개의 동전 중 적어도 1개가 앞면)**

2개의 공정한 동전을 순서대로 던졌더니 적어도 1개는 앞면이 나왔다. 이때, 동전 2개 모두 앞면일 확률을 구하시오.

〈해답 2-3〉

2개의 동전을 차례대로 던졌을 때 일어날 가능성은 다음의 4가지가 있다.

$$\boxed{뒤뒤}\quad\boxed{뒤앞}\quad\boxed{앞뒤}\quad\boxed{앞앞}$$

그런데, 앞면이 나온 동전이 적어도 1개인 경우는 다음의 세 가지이다.

$$\boxed{뒤앞}\quad\boxed{앞뒤}\quad\boxed{앞앞}$$

이 중에서 두 동전 모두 앞면이 나오는 경우는 '앞앞' 한 가지이다. 따라서 구하는 확률은,

$$\frac{\boxed{}\quad\boxed{}\quad\boxed{앞앞}}{\boxed{뒤앞}\quad\boxed{앞뒤}\quad\boxed{앞앞}} = \frac{1}{3}$$

이 된다.

답: $\dfrac{1}{3}$

보충

문제 2-2와 문제 2-3에서 확률이 다른 점에 주의한다. 2개의 동전을 던졌을 때의 경우의 수는 다음의 4가지이다.

뒤뒤　뒤앞　앞뒤　앞앞

여기서 문제에서 주어진 조건(힌트)에 따라 몇 가지 경우가 제외
된다.

문제 2-2에서는 첫 번째는 앞면이라는 조건이 주어졌다. 따라서
첫 번째가 뒷면이 나오는 2가지가 제외되어 '모든 경우'는 다음
의 두 가지이다.

　　　　앞뒤　앞앞

문제 2-3에서는 적어도 1개가 앞면이라는 조건이 주어졌다. 따라
서 '뒤뒤'의 1가지가 제외되어 '모든 경우'는 다음의 3가지이다.

　　　뒤앞　앞뒤　앞앞

문제 2-2와 문제 2-3에서는 '모든 경우'의 수가 다르고, 확률도
달라진다.

● ● ●　**문제 2-4 (카드를 2장 뽑는다)**

12장의 그림카드에서 2장의 카드를 뽑았을 때, 2장 모두 Q이 나
올 확률을 구하시오.

① 12장 중에서 첫 번째 카드를 뽑고, 이어서 나머지 11장 중
에서 두 번째 카드를 뽑는 경우

② 12장 중에서 첫 번째 카드를 뽑고, 그 카드를 카드 묶음에
다시 섞은 다음 12장 중에서 두 번째 카드를 뽑는 경우

〈해답 2-4〉

① 12장 중에서 첫 번째 카드를 뽑고, 이어서 나머지 11장 중에서
두 번째 카드를 뽑을 경우, 경우의 수는 모두,

$$12 \times 11 = 132$$

가지가 있다. 2장 모두 Q이 나오는 것은 총 4장의 Q 중에서 첫
번째 카드를 뽑고 남은 3장의 Q에서 두 번째 카드를 뽑을 때이
므로 경우의 수는,

$$4 \times 3 = 12$$

가지가 있다. 따라서 구하는 확률은,

$$\frac{4 \times 3}{12 \times 11} = \frac{12}{132} = \frac{1}{11}$$

이 된다.

답: $\dfrac{1}{11}$

② 12장 중에서 첫 번째 카드를 뽑고, 그 카드를 카드 묶음에 섞은 다음 다시 12장 중에서 두 번째 카드를 뽑는 경우

$$12 \times 12 = 144$$

가지가 있다. 2장 모두 Q이 나오는 것은 첫 번째도 두 번째도 총 4장인 Q 중에서 1장을 뽑는 것이므로 경우의 수는,

$$4 \times 4 = 16$$

가지이다. 따라서 구하는 확률은

$$\frac{4 \times 4}{12 \times 12} = \frac{16}{144} = \frac{1}{9}$$

이 된다.

답: $\dfrac{1}{9}$

다른 해법

① 총 12장의 그림카드 중에 Q이 4장이므로 첫 번째 카드를 뽑았을 때 Q이 나올 확률은 다음과 같다.

$$\frac{4}{12} = \frac{1}{3}$$

이다. 나머지 11장의 그림카드 중에 남은 Q은 3장이므로 두 번

째 카드를 뽑았을 때 Q이 될 확률은

$$\frac{3}{11}$$

이다. 따라서 두 경우 모두 일어날 확률은,

$$\frac{1}{3} \times \frac{3}{11} = \frac{1}{11}$$

이 된다.

답: $\frac{1}{11}$

② 총 12장의 그림카드 중에 Q은 4장이므로 첫 번째 카드를 뽑았을 때 Q이 될 확률은,

$$\frac{4}{12} = \frac{1}{3}$$

이다. 첫 번째 뽑은 카드는 다시 섞기 때문에 두 번째 카드를 뽑았을 때 Q가 나올 확률은 마찬가지로

$$\frac{4}{12} = \frac{1}{3}$$

이다. 따라서 이 두 경우가 일어날 확률은,

$$\frac{1}{3} \times \frac{1}{3} = \frac{1}{9}$$

이 된다.

답: $\dfrac{1}{9}$

제3장의 해답

● ● ● **문제 3-1 (동전을 2번 던지는 실험의 모든 사건)**

동전을 2번 던지는 실험을 생각할 때 전체사건 U는

$$U = \{앞앞, 앞뒤, 뒤앞, 뒤뒤\}$$

로 나타낼 수 있다. 집합 U의 부분집합은 모두 이 실험의 사건이 된다. 예를 들어, 다음의 3가지 집합은 모두 이 실험의 사건이다.

$$\{뒤뒤\}, \{앞앞, 앞뒤\}, \{앞앞, 앞뒤, 뒤뒤\}$$

이 실험에서 모든 사건의 수는 몇 개인지 구하고 그 전부를 나열하시오.

〈해답 3-1〉

이 실험에서 사건은 전체사건이 가진 4가지 원소(앞앞, 앞뒤, 뒤앞, 뒤뒤) 중 무엇을 원소로 가지고, 가지지 않았는가에 따라 결정된다. 따라서, 사건의 수는 모두 $2 \times 2 \times 2 \times 2 = 2^4 = 16$개이다. 모든 사건은 다음과 같다.

{ } 공사건
{ 뒤뒤 } 근원사건
{ 뒤앞 } 근원사건
{ 뒤앞, 뒤뒤 }
{ 앞뒤 } 근원사건
{ 앞뒤, 뒤뒤 }
{ 앞뒤, 뒤앞 }
{ 앞뒤, 뒤앞, 뒤뒤 }
{ 앞앞 } 근원사건
{ 앞앞, 뒤뒤 }
{ 앞앞, 뒤앞 }
{ 앞앞, 뒤앞, 뒤뒤 }
{ 앞앞, 앞뒤 }
{ 앞앞, 앞뒤, 뒤뒤 }
{ 앞앞, 앞뒤, 뒤앞 }
{ 앞앞, 앞뒤, 뒤앞, 뒤뒤 } 전체사건

보충

모든 사건은,

- '뒤뒤'를 원소로 가지는가, 가지지 않는가
- '뒤앞'을 원소로 가지는가, 가지지 않는가
- '앞뒤'를 원소로 가지는가, 가지지 않는가
- '앞앞'을 원소로 가지는가, 가지지 않는가

로 결정된다. 원소를 가지면 1, 가지지 않으면 0으로 나타낸다.

그러면 모든 사건은 다음과 같이 '4자리수의 2진법으로 나타낼 수 있는 정수'에 대응시킬 수 있다.

```
0000  ←----→  {                                  }
0001  ←----→  {                          뒤뒤    }
0010  ←----→  {                  뒤앞            }
0011  ←----→  {                  뒤앞,    뒤뒤    }
0100  ←----→  {          앞뒤                    }
0101  ←----→  {          앞뒤,            뒤뒤    }
0110  ←----→  {          앞뒤,    뒤앞            }
0111  ←----→  {          앞뒤,    뒤앞,    뒤뒤    }
1000  ←----→  {  앞앞                            }
1001  ←----→  {  앞앞,                    뒤뒤    }
1010  ←----→  {  앞앞,            뒤앞            }
1011  ←----→  {  앞앞,            뒤앞,    뒤뒤    }
1100  ←----→  {  앞앞,    앞뒤                    }
1101  ←----→  {  앞앞,    앞뒤,            뒤뒤    }
1110  ←----→  {  앞앞,    앞뒤,    뒤앞            }
1111  ←----→  {  앞앞,    앞뒤,    뒤앞,    뒤뒤    }
```

●●● **문제 3-2 (동전을 n번 던지는 실험의 모든 사건)**

동전을 n번 던지는 실험을 생각한다. 이 실험의 사건은 모두 몇

가지인가?

〈해답 3-2〉

동전을 n번 던지는 실험에서 전체사건의 원소는 모두,

$$\underbrace{\text{앞뒤뒤 … 앞뒤앞}}_{n\text{개}}$$

이렇게 '앞면 또는 뒷면이 n개 늘어선 열'로 나타낼 수 있다. 그러므로 전체사건의 원소 수는 모두 2^n개이다(이것은 근원사건의 개수이기도 하다). 해답 3-1(358쪽)과 동일하게 생각해서,

$$\text{모든 사건의 개수} = 2^{\text{전체사건의 원소 수}} = 2^{2^n}$$

이 된다.

답: 2^{2^n}개

보충

문제 3-2의 해답에서 n = 2일 때가 문제 3-1의 경우에 해당한다. 확실히 n = 2일 때,

$$2^{2^n} = 2^{2^2} = 2^4 = 16$$

으로, 문제 3-1의 답과 일치한다.

●●● **문제 3-3 (배반)**

주사위를 2번 굴리는 실험을 생각한다. 첫 번째 나온 눈을 정수 a로 나타내고 두 번째 나온 눈을 정수 b로 나타낼 때, 다음의 ①~⑥에 제시된 사건의 조합 중 서로 배반인 것을 모두 나열하시오.

① $a = 1$이 되는 사건과 $a = 6$이 되는 사건

② $a = b$가 되는 사건과 $a \neq b$가 되는 사건

③ $a \leq b$가 되는 사건과 $a \geq b$가 되는 사건

④ a가 짝수가 되는 사건과 b가 홀수가 되는 사건

⑤ a가 짝수가 되는 사건과 ab가 홀수가 되는 사건

⑥ ab가 짝수가 되는 사건과 ab가 홀수가 되는 사건

〈해답 3-3〉

두 가지 사건이 함께 일어나는 경우가 없으면 배반이고, 함께 일어나는 경우가 있으면 배반이 아니다.

① $a = 1$이 되는 사건과 $a = 6$이 되는 사건

배반이다. 첫 번째 나온 눈 a가 1이고, 동시에 6이 되는 경우는 없다.

② $a = b$가 되는 사건과 $a \neq b$가 되는 사건

배반이다. 첫 번째와 두 번째 눈이 같고, 동시에 같지 않은 경우는 없다.

③ $a \leqq b$가 되는 사건과 $a \geqq b$가 되는 사건

배반이 아니다. 예를 들어, $a = 1$이고 $b = 1$인 경우, $a \leqq b$와 $a \geqq b$는 모두 성립한다.

④ a가 짝수가 되는 사건과 b가 홀수가 되는 사건

배반이 아니다. 예를 들어, $a = 2$이고 $b = 1$인 경우, a는 짝수이고 b는 홀수가 된다.

⑤ a가 짝수가 되는 사건과 ab가 홀수가 되는 사건

배반이다. a가 짝수이면 a와 b의 곱인 ab도 짝수가 된다. 따라서 곱 ab는 홀수가 되지 않는다.

⑥ ab가 짝수가 되는 사건과 ab가 홀수가 되는 사건

배반이다. 곱 ab기 짝수인 동시에 홀수인 경우는 없다.

답: ①, ②, ⑤, ⑥

다른 해법

두 가지 사건을 구체적으로 나열했을 때 교집합이 공집합이면 배반이고 공집합이 아니면 배반이 아니다. 그러므로,

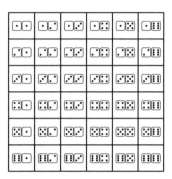

이와 같은 그림으로 사건을 표현한다.

① $a = 1$이 되는 사건과 $a = 6$이 되는 사건

배반이다.

② $a = b$가 되는 사건과 $a \neq b$가 되는 사건

배반이다.

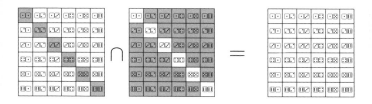

③ $a \leqq b$가 되는 사건과 $a \geqq b$가 되는 사건

배반이 아니다.

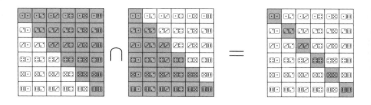

④ a가 짝수가 되는 사건과 b가 홀수가 되는 사건

배반이 아니다.

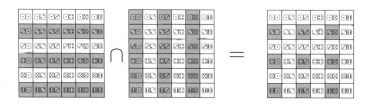

⑤ a가 짝수가 되는 사건과 ab가 홀수가 되는 사건

배반이다.

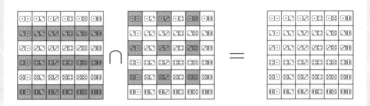

⑥ ab가 짝수가 되는 사건과 ab가 홀수가 되는 사건

배반이다.

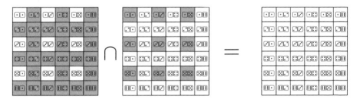

답: ①, ②, ⑤, ⑥

●●● **문제 3-4 (독립)**

공정한 주사위를 1번 굴리는 실험을 생각한다. 홀수 눈이 나오는

사건을 A라 하고 3의 배수인 눈이 나오는 사건을 B라고 했을 때,

A와 B 두 사건은 독립인가?

〈해답 3-4〉

독립의 정의에 따라 판단한다. 다시 말해,

$$\Pr(A \cap B) = \Pr(A) \Pr(B)$$

가 성립하면 독립이고 성립하지 않으면 독립이 아니다.

A, B, A∩B를 각각 주사위 눈을 이용해 나타내면,

A = {⚀, ⚂, ⚄}   홀수의 눈이 나오는 사건

B = {⚂, ⚅}   3의 배수의 눈이 나오는 사건

A ∩ B = {⚂}   A와 B의 곱사건

이 된다. 그리고 전체사건을 U라고 하면,

$$U = \{⚀, ⚁, ⚂, ⚃, ⚄, ⚅\}$$

이다. 이로부터 확률을 계산한다.

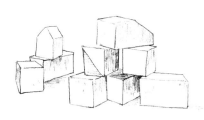

$$\Pr(A \cup B) = \frac{|A \cup B|}{|U|}$$

$$= \frac{|\{\overset{3}{\boxdot}\}|}{|\{\overset{1}{\boxdot}, \overset{2}{\boxdot}, \overset{3}{\boxdot}, \overset{4}{\boxdot}, \overset{5}{\boxdot}, \overset{6}{\boxdot}\}|}$$

$$= \frac{1}{6}$$

$$\Pr(A)\,\Pr(B) = \frac{|A|}{|U|} \times \frac{|B|}{|U|}$$

$$= \frac{|\{\overset{1}{\boxdot}, \overset{3}{\boxdot}, \overset{5}{\boxdot}\}|}{|\{\overset{1}{\boxdot}, \overset{2}{\boxdot}, \overset{3}{\boxdot}, \overset{4}{\boxdot}, \overset{5}{\boxdot}, \overset{6}{\boxdot}\}|} \times \frac{|\{\overset{3}{\boxdot}, \overset{6}{\boxdot}\}|}{|\{\overset{1}{\boxdot}, \overset{2}{\boxdot}, \overset{3}{\boxdot}, \overset{4}{\boxdot}, \overset{5}{\boxdot}, \overset{6}{\boxdot}\}|}$$

$$= \frac{3}{6} \times \frac{2}{6}$$

$$= \frac{1}{2} \times \frac{1}{3}$$

$$= \frac{1}{6}$$

따라서,

$$\Pr(A \cap B) = \Pr(A)\,\Pr(B)$$

가 성립하므로 사건 A와 B는 독립이다.

보충

원래 3의 배수가 나올 확률은,

$$\frac{|\{\overset{3}{\boxdot}, \overset{6}{\boxminus}\}|}{|\{\overset{1}{\boxdot}, \overset{2}{\boxdot}, \overset{3}{\boxdot}, \overset{4}{\boxdot}, \overset{5}{\boxdot}, \overset{6}{\boxminus}\}|} = \frac{2}{6} = \frac{1}{3}$$

이다. 여기에 홀수가 나왔다는 조건을 붙인 경우에도 3의 배수가 나올 확률은,

$$\frac{|\{\overset{3}{\boxdot}\}|}{|\{\overset{1}{\boxdot}, \overset{3}{\boxdot}, \overset{5}{\boxdot}\}|} = \frac{1}{3}$$

로 값이 변하지 않는다. 다시 말해, 홀수가 나오는 조건은 3의 배수가 나올 확률에 영향을 주지 않음을 알 수 있다. 이것이 직접적으로 파악했을 때 사건이 독립이라는 의미이다.

●●● **문제 3-5 (독립)**

공정한 동전을 2번 던지는 실험을 생각한다. 동전의 뒷면과 앞면에는 각각 수 0과 1이 쓰여 있고, 첫 번째에 나온 수를 m, 두 번째에 나온 수를 n으로 표기했을 때 다음 ①~④에 제시된 사건 A와 B의 조합 중 서로 독립된 것을 모두 찾으시오.

① m = 0이 되는 사건 A와 m = 1이 되는 사건 B

② m = 0이 되는 사건 A와 n = 1이 되는 사건 B

③ m = 0이 되는 사건 A와 mn = 0이 되는 사건 B

④ m = 0이 되는 사건 A와 m ≠ n이 되는 사건 B

〈해답 3-5〉

독립의 정의에 따라 판단한다. 다시 말해,

$$Pr(A \cap B) = Pr(A)\, Pr(B)$$

가 성립하면 독립이고, 성립하지 않으면 독립이 아니다.

① m = 0이 되는 사건 A와 m = 1이 되는 사건 B

독립이 아니다. 왜냐하면,

$$Pr(A \cap B) = 0, \quad Pr(A) = \frac{1}{2}, \quad Pr(B) = \frac{1}{2}$$

에 따라,

$$Pr(A \cap B) \neq Pr(A)\, Pr(B)$$

이기 때문이다.

② m = 0이 되는 사건 A와 n = 1이 되는 사건 B

독립이다. 왜냐하면,

$$\Pr(A \cap B) = \frac{1}{4}, \quad \Pr(A) = \frac{1}{2}, \quad \Pr(B) = \frac{1}{2}$$

에 따라,

$$\Pr(A \cap B) = \Pr(A) \, \Pr(B)$$

이기 때문이다.

③ m = 0이 되는 사건 A와 mn = 0이 되는 사건 B
독립이 아니다. 왜냐하면,

$$\Pr(A \cap B) = \frac{1}{2}, \quad \Pr(A) = \frac{1}{2}, \quad \Pr(B) = \frac{3}{4}$$

에 따라,

$$\Pr(A \cap B) \neq \Pr(A) \, \Pr(B)$$

이기 때문이다.

④ m = 0이 되는 사건 A와 m ≠ n이 되는 사건 B
독립이다. 왜냐하면,

$$\Pr(A \cap B) = \frac{1}{4}, \quad \Pr(A) = \frac{1}{2}, \quad \Pr(B) = \frac{1}{2}$$

에 따라,

$$\Pr(A \cap B) = \Pr(A)\,\Pr(B)$$

이기 때문이다.

답: ②, ④

●●● **문제 3-6 (배반과 독립)**

다음 질문에 답하시오.

　① 사건 A와 B가 서로 배반이면

　　사건 A와 B는 서로 독립이라고 할 수 있는가?

　② 사건 A와 B가 서로 독립이면

　　사건 A와 B는 서로 배반이라고 할 수 있는가?

〈해답 3-6〉

① 사건 A와 B가 서로 배반이어도 사건 A와 B가 서로 독립이라고 말할 수 없다. 예를 들어, 동전을 1번 던지는 실험에서 앞면

이 나오는 사건 A와 뒷면이 나오는 사건 $B = \bar{A}$ 는 배반이지만 독립은 아니다. 실제로 $\Pr(A) = \frac{1}{2}$ 이고 $\Pr(B) = \frac{1}{2}$ 이지만 $\Pr(A \cap B)$ $= 0$ 이므로,

$$\Pr(A \cap B) \neq \Pr(A)\, \Pr(B)$$

가 되기 때문이다. 또한, 해답 3-5의 ①도 배반이지만 독립이 아닌 예이다.

② 사건 A와 B가 서로 독립이어도 사건 A와 B는 서로 배반이라고 말할 수 없다. 예를 들어, 동전을 2번 던지는 실험에서 첫 번째에 앞면이 나오는 사건 A와 두 번째에 앞면이 나오는 사건 B는 독립이지만 배반은 아니다. 그리고 해답 3-5의 ②도 독립이지만 배반이 아닌 예이다.

보충

사건 A와 B가 모두 공사건이 아니라고 한다. 이때, 사건 A와 B가 배반이면, 절대로 독립이 될 수 없다.

사건 A와 B가 배반이라는 짐에서,

$$\Pr(A \cap B) = 0$$

이다. 한편, 사건 A와 B가 모두 공사건이 아니라는 점에서 $\Pr(A) \neq 0$, $\Pr(B) \neq 0$이고,

$$\Pr(A) \Pr(B) \neq 0$$

이 되어,

$$\Pr(A \cap B) \neq \Pr(A) \Pr(B)$$

라고 말할 수 있기 때문이다.

●●● 문제 3-7 (조건부 확률)

다음은 2장의 문제 2-3(114쪽)이다. 이 문제를 실험, 사건, 조건부 확률 등의 용어를 사용해서 정리한 뒤에 풀어보자.

2개의 공정한 동전을 순서대로 던졌더니 적어도 1개는 앞면이 나왔다. 이때, 동전 2개 모두 앞면일 확률을 구하시오.

〈해답 3-7〉

2개의 공정한 동전을 차례대로 던지는 실험을 생각한다. 사건 A와 B를 각각 다음과 같이 정의한다.

A = 〈적어도 한 개는 앞면이 나오는 사건〉

B = 〈2개 모두 앞면이 나오는 사건〉

구하는 것은 사건 A가 일어났다는 조건하에 사건 B가 일어날 조건부 확률 $Pr(B|A)$이다. 전체사건을 U라고 하면, U, A, A∩B는 각각 다음과 같다.

$$U = \{ 앞앞, 앞뒤, 뒤앞, 뒤뒤 \}$$
$$A = \{ 앞앞, 앞뒤, 뒤앞 \}$$
$$A \cap B = \{ 앞앞 \}$$

따라서 확률 $Pr(A)$와 $Pr(A \cap B)$는 각각 다음과 같다.

$$Pr(A) = \frac{|A|}{|U|}$$
$$= \frac{3}{4}$$
$$Pr(A \cap B) = \frac{|A \cap B|}{|U|}$$
$$= \frac{1}{4}$$

이것을 이용해 확률 $Pr(B|A)$를 구한다.

$$Pr(B \mid A) = \frac{Pr(A \cap B)}{Pr(A)} \quad \text{조건부 확률의 정의로부터}$$

$$= \frac{\frac{1}{4}}{\frac{3}{4}}$$

$$= \frac{1}{3}$$

답: $\frac{1}{3}$

●●● **문제 3-8 (조건부 확률)**

12개의 그림카드를 잘 섞어 한 장을 뽑는 실험을 생각한다. 사건 A와 B를 각각,

$$A = \text{'}\heartsuit \text{가 나오는 사건'}$$
$$B = \text{'Q이 나오는 사건'}$$

이라고 하자. 이때, 다음의 확률을 각각 구하시오.

① 사건 A가 일어났다는 조건하에

사건 A∩B가 일어날 조건부 확률 $Pr(A \cap B \mid A)$

② 사건 A∪B가 일어났다는 조건하에

사건 A∩B가 일어날 조건부 확률 Pr(A∩B | A∪B)

〈해답 3-8〉

조건부 확률의 정의를 이용해 계산한다. 이때,

$$\Pr(A \cap B) = \frac{1}{12}, \quad \Pr(A \cup B) = \frac{1}{2}, \quad \Pr(A) = \frac{1}{4}$$

을 이용한다.

①

$$\Pr(A \cap B \,|\, A) = \frac{\Pr\{A \cap (A \cap B)\}}{\Pr(A)} \qquad \text{조건부 확률의 정의로부터}$$

$$= \frac{\Pr(A \cap B)}{\Pr(A)} \qquad A \cap (A \cap B) = A \cap B \text{이므로}$$

$$= \frac{\dfrac{1}{12}}{\dfrac{1}{4}}$$

$$= \frac{1}{12} \times \frac{4}{1}$$

$$= \frac{1}{3}$$

②

$\Pr(A \cap B \,|\, A \cup B)$

$= \dfrac{\Pr\{(A \cup B) \cap (A \cap B)\}}{\Pr(A \cup B)}$　　　조건부 확률의 정의로부터

$= \dfrac{\Pr(A \cap B)}{\Pr(A \cup B)}$　　　　　　$(A \cup B) \cap (A \cap B) = A \cap B$이므로

$= \dfrac{\dfrac{1}{12}}{\dfrac{1}{2}}$

$= \dfrac{1}{12} \times \dfrac{2}{1}$

$= \dfrac{1}{6}$

답: ① $\dfrac{1}{3}$, ② $\dfrac{1}{6}$

보충

①과 ②의 대소 관계에 주목하자.

① 사건 A가 일어난다는 조건하에

　사건 $A \cap B$가 일어날 조건부 확률　$\Pr(A \cap B \,|\, A) = \dfrac{1}{3}$

② 사건 $A \cup B$가 일어난다는 조건하에

　사건 $A \cap B$가 일어날 조건부 확률　$\Pr(A \cap B \,|\, A \cup B) = \dfrac{1}{6}$

여기서,

① ♡가 나온 것을 알았을 때,

실제 카드가 ♡Q일 확률 $\Pr(A \cap B \,|\, A) = \dfrac{1}{3}$

② ♡와 Q 중 적어도 한쪽이 나온 것을 알았을 때,

실제 카드가 ♡Q일 확률 $\Pr(A \cap B \,|\, A \cup B) = \dfrac{1}{6}$

임을 생각하면,

$$\Pr(A \cap B \,|\, A) > \Pr(A \cap B \,|\, A \cup B)$$

라는 대소관계는 의외라고 생각할 수 있다. 왜냐하면,

'♡가 나왔다'

라고 말하기보다는

'♡와 Q 중 적어도 한쪽이 나왔다'

라고 말할 때 ♡Q이 나올 가능성이 더 높다고 느낄 수 있기 때문이다. 그러나 실제로는 '♡가 나왔다'라고 말할 때 조건부 확률이 더 크다.[*]

---

[*] 이 문제는 《확률론에 오신 것을 환영합니다(確率論へようこそ)》를 참고로 하였다.

제4장의 해답

● ● ● 문제 4-1 (항상 양성으로 나오는 검사)

검사 B′는 검사 결과가 항상 양성으로 나오는 검사이다(194쪽 참조). 검사 대상인 u명 중, 질병 X에 걸린 사람의 비율을 p로 한다 (0 ≦ p ≦ 1). u명 전원이 검사 B′를 받았을 때 ㉠~㉾의 인원수를 u와 p를 사용해 적고, 표를 채우시오.

	걸렸다	걸리지 않았다	합계
양성	㉠	㉡	㉠ + ㉡
음성	㉢	㉣	㉢ + ㉣
합계	㉤	㉥	u

〈해답 4-1〉

검사 대상 u명 중 질병 X에 걸린 사람의 비율이 p이므로 걸리지 않은 비율은 1 − p가 되어

$$㉤ = pu, \qquad ㉥ = (1 - p)u$$

이다. 검사 B′는 검사 결과가 반드시 양성이므로,

$$\bigcirc = \boxdot = pu, \qquad \bigsqcup = \boxminus = (1-p)u,$$

$$\boxminus = 0, \qquad \textcircled{2} = 0$$

이다. 따라서, 표는 다음과 같다.

	걸렸다	걸리지 않았다	합계
양성	pu	(1 − p)u	u
음성	0	0	0
합계	pu	(1 − p)u	u

●●● **문제 4-2 (출신 학교와 남녀)**

한 고등학교의 반에는 학생이 남녀 모두 합해서 u명 있으며, 학생은 모두 A중학교와 B중학교 중 한 학교 출신이다. A중학교 출신 a명 중 남성은 m명이다. 또, B중학교 출신인 여성은 f명이다. 반 전체에서 제비뽑기로 1명을 뽑았는데 남학생이었다. 이 학생이 B중학교 출신일 확률을 u, a, m, f로 나타내시오.

〈해답 4-2〉

표를 그려 생각한다.

문제에 주어진 정보는 다음의 표와 같다.

	남성	여성	합계
A중학교	m		a
B중학교		f	
합계			u

비어 있는 부분을 채우면 다음의 표와 같다.

	남성	여성	합계
A중학교	m	$a-m$	a
B중학교	$u-a-f$	f	$u-a$
합계	$m+u-a-f$	$a-m+f$	u

따라서 구하는 확률은,

$$\frac{\text{B중학교 출신 남성}}{\text{남성}} = \frac{u-a-f}{m+u-a-f}$$

가 된다.

$$\text{답: } \frac{u-a-f}{m+u-a-f}$$

보충

빈 부분을 채우는 순서의 예는 다음과 같다.

① B중학교 출신자 $= u-a$

② A중학교 출신 여성 = $a - m$

③ 여성 = A중학교 출신 여성 + f = $a - m + f$

④ B중학교 출신 남성 = B중학교 출신자 − f = $u - a - f$

⑤ 남성 = m + B중학교 출신 남성 = $m + u - a - f$

●●● 문제 4-3 (광고 효과 조사)

광고 효과를 조사하기 위해 고객에게 '광고 시청 여부'를 묻고 남녀 합쳐 u명으로부터 대답을 구했다. 남성 M명 중 광고를 본 사람은 m명이었다. 그리고 광고를 본 여성은 f명이었다. 이때, 다음 p_1, p_2를 각각 구하고 u, M, m, f로 나타내시오.

① 여성 중 광고를 보지 않은 고객의 비율 p_1

② 광고를 보지 않은 고객 중 여성의 비율 p_2

p_1과 p_2는 0 이상 1 이하의 실수로 한다.

〈해답 4-3〉

표를 그려 생각한다.

문제에 주어진 정보는 다음의 표와 같다.

	남성	여성	합계
광고를 보았다	m	f	
광고를 보지 않았다			
합계	M		u

빈 부분을 채우면 다음의 표와 같다.

	남성	여성	합계
광고를 보았다	m	f	$m+f$
광고를 보지 않았다	$M-m$	$u-M-f$	$u-m-f$
합계	M	$u-M$	u

① 응답한 여성 중 광고를 보지 않았다고 말한 고객의 비율 p_1은,

$$p_1 = \frac{\text{광고를 보지 않은 여성의 인원수}}{\text{여성의 인원수}} = \frac{u-M-f}{u-M}$$

이다.

② 광고를 보지 않았다고 응답한 고객 중 여성의 비율 p_2는 다음과 같다.

$$p_2 = \frac{\text{광고를 보지 않은 여성의 인원수}}{\text{광고를 보지 않은 인원수}} = \frac{u-M-f}{u-m-f}$$

이다.

$$답: ① \frac{u-M-f}{u-M}, ② \frac{u-M-f}{u-m-f}$$

● ● ● **문제 4-4 (전체 확률의 정리)**

사건 A와 B에 대해 $\Pr(A) \neq 0$, $\Pr(\overline{A}) \neq 0$이라면 다음 식이 성립함을 증명하시오.

$$\Pr(B) = \Pr(A)\,\Pr(B\,|\,A) + \Pr(\overline{A})\,\Pr(B\,|\,\overline{A})$$

〈해답 4-4〉

A에 속하는지 아닌지에 따라 B의 원소를 분류한다.

- B의 원소 중,

  A에 속하는 원소 전부를 모은 집합은 $A \cap B$이다.
- B의 원소 중,

  A에 속하지 않는 원소 전부를 모은 집합은 $\overline{A} \cap B$이다.

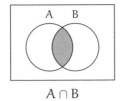

$A \cap B$

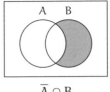

$\overline{A} \cap B$

따라서,

$$B = (A \cap B) \cup (\overline{A} \cap B)$$

가 성립한다. 두 개의 사건 A∩B와 $\overline{A}$∩B는 배반이므로 확률의
가법정리를 이용해,

$$\begin{aligned} \Pr(B) &= \Pr\{(A \cap B) \cup (\overline{A} \cap B)\} \\ &= \underbrace{\Pr(A \cap B)}_{①} + \underbrace{\Pr(\overline{A} \cap B)}_{②} \end{aligned}$$

라고 할 수 있다. 여기서, 확률의 곱셈법칙에 의해,

$$\begin{cases} ① = \Pr(A \cap B) = \Pr(A)\,\Pr(B\,|\,A) \\ ② = \Pr(\overline{A} \cap B) = \Pr(\overline{A})\,\Pr(B\,|\,\overline{A}) \end{cases}$$

라고 할 수 있으므로,

$$\Pr(B) = \underbrace{\Pr(A)\,\Pr(B\,|\,A)}_{①} + \underbrace{\Pr(\overline{A})\,\Pr(B\,|\,\overline{A})}_{②}$$

가 성립한다.(증명 완료)

보충

테트라가 4장에서 사용한 표를 그리는 방법으로 생각할 수도 있다.

$$\Pr(A)\,\Pr(B\,|\,A) + \Pr(\overline{A})\,\Pr(B\,|\,\overline{A})$$

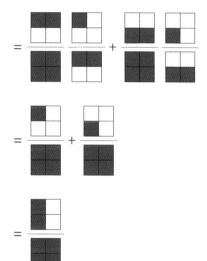

$$= \Pr(B)$$

따라서,

$$\Pr(B) = \Pr(A)\,\Pr(B\,|\,A) + \Pr(\overline{A})\,\Pr(B\,|\,\overline{A})$$

라고 말할 수 있다.

●●● **문제 4-5 (불합격품)**

두 개의 공장 A_1, A_2가 있다. 두 곳 모두 같은 제품을 만들고 있다. 생산량의 비율은 공장 A_1, A_2에 대해 각각 r_1, r_2이다 ($r_1 + r_2 = 1$). 그리고 공장 A_1, A_2의 제품이 불합격품일 확률은 각각 p_1, p_2이다. 제품 전체에서 무작위로 한 개를 골랐을 때 그 제품이 불합격품일 확률을 r_1, r_2, p_1, p_2를 사용해 나타내시오.

〈해답 4-5〉

제품 전체에서 무작위로 한 개를 선택하는 실험에서, 사건 A_1, A_2, B를 각각

$$A_1 = \text{'공장 } A_1 \text{의 제품인 사건'}$$
$$A_2 = \text{'공장 } A_2 \text{의 제품인 사건'}$$
$$B = \text{'불합격품인 사건'}$$

으로 한다. 문제에 주어진 정보는,

$$\Pr(A_1) = r_1 \quad \text{(제품 전체 중 공장 } A_1 \text{ 제품의 비율)}$$

$$\Pr(A_2) = r_2 \quad \text{(제품 전체 중 공장 } A_2 \text{ 제품의 비율)}$$

$$\Pr(B \mid A_1) = p_1 \quad \text{(공장 } A_1 \text{의 제품 중 불합격품의 비율)}$$

$$\Pr(B \mid A_2) = p_2 \quad \text{(공장 } A_2 \text{의 제품 중 불합격품의 비율)}$$

로 표현할 수 있다. $\overline{A_1} = A_2$로부터, 구하는 확률 $\Pr(B)$는,

$$
\begin{aligned}
\Pr(B) &= \Pr(A_1)\Pr(B \mid A_1) + \Pr(\overline{A_1})\Pr(B \mid \overline{A_1}) \quad \text{전체확률의 정리} \\
&= \Pr(A_1)\Pr(B \mid A_1) + \Pr(A_2)\Pr(B \mid A_2) \quad \overline{A_1} = A_2 \text{로부터} \\
&= r_1 p_1 + r_2 p_2
\end{aligned}
$$

보충

모든 제조 개수를 u개로 놓고, 다음의 표를 그려 생각할 수도 있다.

	불합격품	합격품	합계
공장 A_1	$r_1 p_1 u$	$r_1(1 - p_1)u$	$r_1 u$
공장 A_2	$r_2 p_2 u$	$r_2(1 - p_2)u$	$r_2 u$
합계	$r_1 p_1 u + r_2 p_2 u$	$r_1(1 - p_1)u + r_2(1 - p_2)u$	u

이 표로부터 구할 수 있는 $\Pr(B)$는,

$$\Pr(B) = \frac{r_1 p_1 u + r_2 p_2 u}{u} = r_1 p_1 + r_2 p_2$$

가 된다.

처음부터 확률로 생각한 표를 사용할 수도 있다.

	B	$\overline{B}$	합계
A_1	$r_1 p_1$	$r_1(1-p_1)$	r_1
A_2	$r_2 p_2$	$r_2(1-p_2)$	r_2
합계	$r_1 p_1 + r_2 p_2$	$r_1(1-p_1) + r_2(1-p_2)$	1

따라서, 구하는 확률 $Pr(B)$는 다음과 같이 계산할 수 있다.

$$
\begin{aligned}
Pr(B) &= Pr\{(A_1 \cap B) \cup (\overline{A_1} \cap B)\} \\
&= Pr(A_1 \cap B) + Pr(\overline{A_1} \cap B) \qquad \text{가법정리(배반의 경우)로부터} \\
&= Pr(A_1 \cap B) + Pr(A_2 \cap B) \\
&= r_1 p_1 + r_2 p_2
\end{aligned}
$$

●●● 문제 4-6 (검사 로봇)

수많은 상품 중 품질 기준을 충족하는 적합품은 98%이고 부적합품은 2%이다. 검사 로봇에게 부품을 주면 GOOD 또는 NO GOOD 중 하나의 검사 결과가 다음의 확률로 나온다고 한다.

390

- 적합품이 주어진 경우,

  검사 결과는 90%의 확률로 GOOD이 나온다.
- 부적합품이 주어진 경우,

  검사 결과는 70%의 확률로 NO GOOD이 나온다.

무작위로 선택한 부품을 검사 로봇에게 주었더니, 검사 결과는 NO GOOD이었다. 이 부품이 실제로 부적합품일 확률을 구하시오.

〈해답 4-6〉

표를 그려서 생각한다.

부품 전체 중 한 개를 검사하는 실험에서, 사건 G와 C를

$$G = \text{'검사 결과가 GOOD이 나오는 사건'}$$
$$C = \text{'적합품인 사건'}$$

으로 한다.

적합품의 비율은 98%이고 부적합품의 비율은 2%이므로,

$$\Pr(C) = 0.98, \quad \Pr(\overline{C}) = 0.02$$

라고 할 수 있다. 확률 표는 다음과 같다.

	C	$\overline{\text{C}}$	합계
G	㉠	㉡	㉠ + ㉡
$\overline{\text{G}}$	㉢	㉣	㉢ + ㉣
합계	0.98	0.02	1

㉠, ㉡, ㉢, ㉣의 순서로 확률을 구한다.

적합품은 90% 확률로 GOOD이 나오므로 $\Pr(\text{G} \mid \text{C}) = 0.9$이다.

$$㉠ = \Pr(\text{C} \cap \text{G})$$
$$= \Pr(\text{C})\,\Pr(\text{G} \mid \text{C}) \quad \text{곱셈법칙으로부터}$$
$$= 0.98 \times 0.9$$
$$= 0.882$$

㉠ + ㉢ = 0.98이므로,

$$㉢ = 0.98 - ㉠$$
$$= 0.98 - 0.882$$
$$= 0.098$$

부적합품은 70%의 확률로 NO GOOD이 나오므로 $\Pr(\overline{\text{G}} \mid \overline{\text{C}}) = 0.7$이다.

$$② = \Pr(\overline{C} \cap \overline{G})$$

$$= \Pr(\overline{C}) \Pr(\overline{G} \mid \overline{C}) \quad \text{곱셈법칙으로부터}$$

$$= 0.02 \times 0.7$$

$$= 0.014$$

$$② + ② = 0.02 \text{이므로,}$$

$$② = 0.02 - ②$$

$$= 0.02 - 0.014$$

$$= 0.006$$

이 된다. 따라서, 확률 표는 다음과 같다.

	C	$\overline{C}$	합계
G	0.882	0.006	0.888
$\overline{G}$	0.098	0.014	0.112
합계	0.98	0.02	1

구하는 확률은 $\Pr(\overline{C} \mid \overline{G})$이므로,

$$\Pr(\overline{C} \mid \overline{G}) = \frac{\Pr(\overline{G} \cap \overline{C})}{\Pr(\overline{G})}$$

$$= \frac{0.014}{0.112}$$

$$= 0.125$$

가 된다.

답: 12.5%(0.125)

보충

다음과 같이 부품의 총 개수를 1,000개로 해서 표를 만들면 바로
이해하기가 쉽다.

	C	$\overline{C}$	합계
G	882	6	888
$\overline{G}$	98	14	112
합계	980	20	1,000

제5장의 해답

●●● **문제 5-1 (이항계수)**

$(x+y)^n$을 전개하면, $x^k y^{n-k}$의 계수는 이항계수 $\binom{n}{k}$와 같아진 다($k = 0, 1, 2, \cdots, n$). 이것을 작은 n을 이용해 실제로 계산해 확인해 보자.

   ① $(x+y)^1 =$

   ② $(x+y)^2 =$

   ③ $(x+y)^3 =$

   ④ $(x+y)^4 =$

〈해답 5-1〉

① $(x+y)^1$을 전개한다.

$$(x+y)^1 = x+y$$
$$= 1x^1 y^0 + 1x^0 y^1$$

② $(x+y)^2$을 전개한다.

$$(x+y)^2 = (x+y)(x+y)$$
$$= (x+y)x + (x+y)y$$
$$= xx + yx + xy + yy$$
$$= x^2 + \underline{xy} + \underline{xy} + y^2$$
$$= x^2 + \underline{2xy} + y^2 \qquad \text{동류항을 더했다}$$
$$= 1x^2y^0 + 2x^1y^1 + 1x^0y^2$$

③ $(x+y)^3$을 전개할 때는 ②를 이용할 수 있다.

$$(x+y)^3 = (x+y)^2(x+y)$$
$$= \underbrace{(x^2+2xy+y^2)}_{②}(x+y)$$
$$= (x^2+2xy+y^2)x + (x^2+2xy+y^2)y$$
$$= x^3 + \underline{2x^2y} + \underline{xy^2} + \underline{x^2y} + 2xy^2 + y^3$$
$$= x^3 + \underline{3x^2y} + \underline{3xy^2} + y^3 \qquad \text{동류항을 더했다}$$
$$= 1x^3y^0 + 3x^2y^1 + 3x^1y^2 + 1x^0y^3$$

④ $(x+y)^4$을 전개할 때는 ③을 이용할 수 있다.

$$(x+y)^4 = (x+y)^3(x+y)$$

$$= \underbrace{(x^3 + 3x^2y + 3xy^2 + y^3)}_{\textcircled{3}}(x+y)$$

$$= (x^3 + 3x^2y + 3xy^2 + y^3)x + (x^3 + 3x^2y + 3xy^2 + y^3)y$$

$$= x^4 + \underline{3x^3y} + \boxed{3x^2y^2} + \underline{xy^3} + \underline{x^3y} + \boxed{3x^2y^2} + \underline{3xy^3} + y^4$$

$$= x^4 + \underline{4x^3y} + \boxed{6x^2y^2} + \underline{4xy^3} + y^4 \qquad \text{동류항을 더했다}$$

$$= 1x^4y^0 + 4x^3y^1 + 6x^2y^2 + 4x^1y^3 + 1x^0y^4$$

보충

계수를 강조하여 $(x^3 + 3x^2y + 3xy^2 + y^3)(x+y)$를 필산을 이용해 적는다.

$$
\begin{array}{r}
1x^3y^0 + 3x^2y^1 + 3x^1y^2 + 1x^0y^3 \\
\times \quad\qquad\qquad\qquad 1x^1y^0 + 1x^0y^1 \\
\hline
1x^3y^1 + 3x^2y^2 + 3x^1y^3 + 1x^0y^4 \\
1x^4y^0 + 3x^3y^1 + 3x^2y^2 + 1x^1y^3 \qquad\qquad \\
\hline
1x^4y^0 + 4x^3y^1 + 6x^2y^2 + 4x^1y^3 + 1x^0y^4 \\
\end{array}
$$

계수에 주목하면, 이것은 1331×11과 같은 계산을 하고 있음을 알 수 있다.[※] 또한, 동류항을 더하는 계산이 파스칼의 삼각형을 만들 때 하는 덧셈에 대응된다는 것을 알 수 있다.

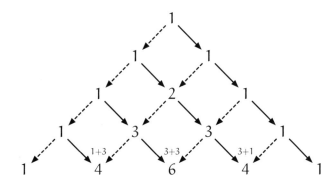

●●● **문제 5-2 (동전을 던지는 횟수)**

본문의 '미완의 게임'에서 A는 나머지 a점으로 이기고 B는 나머지 b점으로 이긴다. 지금부터 승자가 결정될 때까지 동전을 몇 번 던져야 할까? 동전을 던지는 횟수를 최소 m번, 최대 M번으로 하여 m과 M을 구하시오. 단, a와 b는 모두 1 이상의 정수로 한다.

〈해답 5-2〉

동전을 던지는 횟수가 가장 적어지는 경우는 A와 B 중 어느 한쪽

---

* 단, 받아올림을 할 때는 주의가 필요하다. $(x+y)^5$의 계수는 단순히 14641×11을 계산해서는 얻을 수 없다.

이 일방적으로 점수를 계속 획득하여 이기는 것이다. 따라서 m은 a와 b의 크지 않은 쪽 값(a≠b의 경우는 작은 쪽 값, a = b의 경우는 그 값 자체)이다. 다시 말해,

$$m = \begin{cases} a & (a \leqq b \text{인 경우}) \\ b & (a \geqq b \text{인 경우}) \end{cases}$$

이 된다. 이것을,

$$m = \min\{a, b\}$$

으로 쓰는 경우도 있다.[*]

동전을 던지는 횟수가 가장 많아지는 경우는 A와 B가 모두 나머지 1점이 될 때까지 승부가 나지 않고, 마지막 던지기 한 번으로 승자가 결정되는 경우이다. 따라서 M은 'A가 나머지 1점이 되기 위한 횟수 a − 1'과 'B가 나머지 1점이 되기 위한 횟수 b − 1'의 합에 1을 더한 것으로,

$$M = (a - 1) + (b - 1) + 1 = a + b - 1$$

답: $m = \min\{a, b\}$, $M = a + b - 1$

---

[*] min은 최솟값(minimum value)이란 뜻이다.

보충

A가 나머지 a점으로 이기고 B가 나머지 b점으로 이기는 상황을 좌표평면상의 점$(x, y) = (a, b)$로 표현해 본다. 또한 좌표평면상의 점(x, y)에서 점$(x - 1, y)$으로 이동하는 것을 '왼쪽으로 1걸음'이라고 생각하고 점(x, y)에서 점$(x, y - 1)$으로 이동하는 것을 '아래로 1걸음'이라고 표현한다. 이때 m의 값은 점(a, b)에서 $(0, b)$ 또는 $(a, 0)$까지 걸음 수의 최솟값이 된다. 그리고 M의 값은 점$(0, 1)$ 또는 점$(1, 0)$까지의 걸음 수가 된다.

예를 들어, $a = 3$, $b = 2$의 경우, m과 M을 구체적으로 확인해 보자.

점$(3, 2)$에서 점$(0, 2)$로는 3걸음, 점$(3, 0)$으로는 2걸음으로 갈 수 있으므로 최솟값은 2이고, 확실히 $m = \min\{3, 2\} = 2$가 된다.

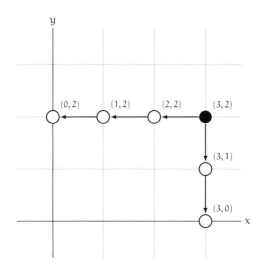

점(3, 2)에서 점(0, 2)으로는 3걸음,
점(3, 2)에서 점(3, 0)으로는 2걸음

또한, 점(3, 2)에서 점(0, 1) 또는 점(1, 0)까지는 네 걸음으로 갈
수 있으며, 확실히 M = a + b − 1 = 3 + 2 − 1 = 4 이다. 점(3, 2)
에서 점(0, 1) 또는 점(1, 0)으로 갈 때는 반드시 점(1, 1)을 지날
필요가 있다. 점(1, 1)은 가장 승부가 나지 않는 상황에 대응된다.

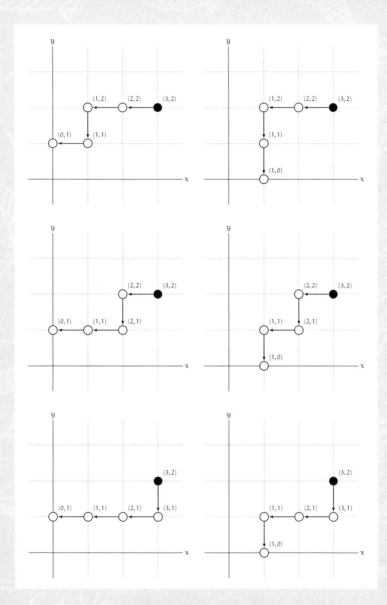

이 책에 나오는 수학 관련 이야기 외에도 '좀 더 생각해보고 싶은' 독자를 위해 다음과 같은 연구 문제를 소개합니다. 이 문제들의 해답은 이 책에 실려 있지 않으며, 오직 하나의 정답만이 있는 것도 아닙니다.

여러분 혼자 또는 이런 문제에 대해 대화를 나눌 수 있는 사람들과 함께 곰곰이 생각해보시기 바랍니다.

제1장 **확률 $\frac{1}{2}$의 수수께끼**

●●● **연구 문제 1-X1 (확률과 상대도수)**

1장에서는 확률과 상대도수에 대해 생각해 보았다. 여러분도 동전을 던져 실제로 앞면이 나오는지, 뒷면이 나오는지를 알아보자. 동전을 M번까지 던진 시점에서 앞면이 나온 횟수(m)를 집계하고, 가로축이 M이고 세로축이 상대도수 $\frac{m}{M}$이 되는 그래프를 그려보자.

●●● **연구 문제 1-X2 (시뮬레이션을 해본다)**

1장에서는 동전을 던졌을 때 다음의 두 가지가 어떻게 다른가에 대해 생각해 보았다(67쪽).

- 앞면이 나온 횟수와 뒷면이 나온 횟수의 '차'
- 던진 횟수에 대한 앞면이 나온 횟수의 '비'

여러분이 사용할 수 있는 프로그래밍 언어로, 0 또는 1이 나오는 난수를 반복해서 발생시키는 프로그램을 만들어 '차'와 '비'가 실제로 어떻게 되는지를 조사해 보자.

● ● ● 연구 문제 1-X3 (확률과 관련된 표현)

1장에서는 '확률이 $\frac{1}{2}$이다' 또는 '2번 중 1번 발생한다'라는 표현의 의미를 살펴보았다. 여러분의 주변에서 볼 수 있는 비슷한 표현들을 찾아보고 그것이 어떤 의미로 쓰이는지를 자세히 알아보자. 이때는 '그 표현이 수학적으로 옳은가 옳지 않은가' 하는 관점으로만 생각하지 말고 '그 표현이 어떤 개념을 나타내려는 것일까?'라는 관점에서도 생각해 보자.

● ● ● 연구 문제 1-X4 ('일어날 가능성'과 '확률')

1장에서는 '일어날 가능성'과 '확률'의 관계에 대해서 '온기'와 '온도'의 관계와 비교해 생각했다(30쪽). 이러한 관계는 여러분 주변에 또 있지 않을까? 찾아보도록 하자.

제2장 전체 중에서 얼마일까?

● ● ● 연구 문제 2-X1 (전체는 무엇인가)

뉴스 등에서 '퍼센트'가 나오는 표현을 찾아보고, '전체는 무엇인가'를 조사해 보자. 또 퍼센트를 실제의 양으로 고쳐 보자. 예를 들어, '상품 X의 매출이 30% 증가했다'라는 표현을 발견하면 무엇을 100%로 했을 때의 30%인가를 알아보고, 증가한 매출을 '30% 증가'가 아닌 '몇 원 증가'로 고쳐보자.

●●● **연구 문제 2-X2 (포커의 패가 나올 확률)**

포커에서는 카드 5장의 조합에 따라 패가 결정된다. 가장 높은 패는 로열 스트레이트 플러시로, 10, J, Q, K, A의 5장이 하나의 패로 모였을 경우이다. 잘 섞은 52장의 카드에서 5장을 뽑았을 때 로열 스트레이트 플러시가 될 확률을 계산하자. 그리고 다른 패에 관해서도 계산해 보자.

●●● **연구 문제 2-X3 (제비뽑기 순서)**

100명의 멤버가 있다. 한 개의 '당첨'을 포함한 100개의 제비뽑기에서 한 사람당 한 개씩 차례대로 뽑아나간다. 뽑은 제비는 다시 섞지 않는다. 먼저 뽑거나 나중에 뽑는 뽑기 순서에 따라 '당첨'이 될 확률이 달라질까?

●●● 연구 문제 2-X4 (룰렛 게임과 안전장치)

'당첨' 확률이 $\frac{1}{100}$ 인 룰렛 게임에서 계속해서 당첨이 10번 나올 확률은,

$$\underbrace{\frac{1}{100} \times \cdots \times \frac{1}{100}}_{10개} = \frac{1}{100^{10}} = \underbrace{\frac{1}{100000000000000000000}}_{0이 20개}$$

이다. 그런데, 고장 날 확률이 $\frac{1}{100}$ 인 안전장치 10개를 한 기계에 장착했다고 한다. 모든 안전장치가 고장 날 확률도,

$$\underbrace{\frac{1}{100000000000000000000}}_{0이 20개}$$

이라고 할 수 있을까? 어떤 경우에 쓸 수 있고, 어떤 경우에 쓸 수 없을지 생각해 보자.

제3장 조건부 확률

●●● 연구 문제 3-X1 (반복)

3장에서는 우리가 확률을 고려할 때, 몇 번이나 반복할 수 있는

경우가 전제되어야 한다는 이야기가 나왔다(123쪽). 그러면, 한 번밖에 일어나지 않는다고 할 때 확률을 알아보는 것이 의미가 있을까? 한 번밖에 일어나지 않는 경우의 예로, 예를 들어 특정 개인의 출생이나 특정 일자의 특정 장소에 비가 내리는 경우를 생각할 수 있다.

●●● 연구 문제 3-X2 (부분집합과 사상)

3장에서는 집합으로 사건을 나타내는 소재가 나왔다. 집합 A가 집합 B의 부분집합이고, 동시에 A와 B가 사건을 나타낸다면 사건 A와 B는 어떤 관계에 있다고 말할 수 있을까?

또한, 집합 A가 집합 B의 부분집합이라는 말은 집합 A에 속하는 임의의 원소가 집합 B에도 속한다는 말이며,

$$A \subset B$$

라고 쓴다.[*]

연구 문제 4-X1 (복수의 검사)

4장 본문에서는 한 번의 검사에서 양성이 나온 경우를 다루었다. 그러면, 여러 번의 검사를 실시한 경우는 어떻게 생각하면 좋을까?

연구 문제 4-X2 (전체 확률의 법칙)

일반화한 전체 확률의 법칙을 증명하시오.

$$\Pr(B) = \Pr(A_1)\,\Pr(B\,|\,A_1) + \cdots + \Pr(A_n)\,\Pr(B\,|\,A_n)$$

여기서, n개의 사건 A_1, ···, A_n은 어떤 두 개를 선택해도 배반이며, $A_1 \cup \cdots \cup A_n$은 전체사건과 동일하며, $\Pr(A_1)$, ···, $\Pr(A_n)$은 모두 0이 아니다.

●●● 연구 문제 5-X1 (3개의 주사위)

갈릴레오 갈릴레이[*]는, 3개의 주사위를 실제로 반복해서 굴려 '합계 9가 되는 경우'와 '합계 10이 되는 경우'에 어느 쪽이 나올 가능성이 높은지를 알아보고 경우의 수를 계산했다. 여러분도 해 보도록 하자.

●●● 연구 문제 5-X2 (불공정한 동전)

5장의 '미완의 게임'에서는 공정한 동전을 던져 게임을 실시했다. 불공정한 동전(앞면이 $\frac{1}{2}$이 아닌 동전)을 사용한 경우에는 어떤 답이 나올까?

●●● 연구 문제 5-X3 (확률과 기댓값)

'부록 : 기댓값'(311쪽)에서는 확률변수(실험 결과로 값이 정해지는 것)와 그 기댓값에 대해 설명하였다. 확률 p로 당첨되는 제비

---

[*] Galileo Galilei(1564-1642)

뽑기 실험에서 당첨되면 1, 아니면 0이 되는 확률변수를 X라고 한다. 이때, 기댓값 E[X]는 어떤 의미일까?

● ● ● **연구 문제 5-X4 (식의 음미)**

5장의 해답 5-2(일반화한 '미완의 게임')에서,

$$P(a, b) = \frac{1}{2^n} \sum_{k=0}^{b-1} \binom{n}{k}$$

$$Q(a, b) = \frac{1}{2^n} \sum_{k=b}^{n} \binom{n}{k}$$

을 구했다(304쪽 참조). 5장에서 조사한 대로 함수 P와 Q에는,

$$P(a, b) = Q(b, a)$$

의 관계가 확실히 성립된다는 사실을 확인하자. 단, a, b는 1 이상의 정수이고 n = a + b − 1로 한다.

맺음말

《수학 소녀의 비밀노트-확률의 모험》을 읽어주셔서 감사합니다. 이 책은 확률과 일어날 가능성의 관계, 상대도수와 확률의 차이, 확률과 집합의 관계, 조건부 확률, 가짜 양성과 가짜 음성, 미완의 게임, 표와 그림을 이용해 확률을 구하는 주제들로 구성되어 있습니다. 소녀들과 함께한 《확률의 모험》은 즐거웠나요?

확률을 어렵게 느끼는 사람이 많습니다. 만일 여러분이 '전체는 무엇인가'라는 물음에 익숙해졌다면 이 책의 목적은 거의 이루었다고 말할 수 있습니다.

이 책은 웹사이트 'cakes'의 연재 글 '수학 소녀의 비밀노트' 251회부터 260회까지의 내용을 책으로 재편집한 것입니다. 이 책을 읽고 '수학 소녀의 비밀노트' 시리즈에 흥미를 느꼈다면 다른 글도 읽어 보길 바랍니다.

'수학 소녀의 비밀노트' 시리즈는 쉬운 수학을 소재로 중학생과 고등학생이 즐거운 수학 토크를 풀어나가는 이야기입니다.

동일한 등장인물들이 활약하는 '수학 소녀'의 다른 시리즈도 있습니다. 이것은 보다 폭넓은 수학에 도전하는 수학 청춘물입니다. 이 책에서는 고전적 확률의 정의를 다루었습니다만, 《수학 소녀-확률적 알고리즘》에서는 고전적 확률, 통계적 확률, 그리고 현대 수학에서 주로 사용되는 공리적 확률에 대해서도 다룹니다. '수학 소녀의 비밀노트'와 '수학 소녀' 두 시리즈 모두 응원 부탁드립니다.

이 책은 LATEX2ε와 Euler 폰트(AMS Euler)를 사용해 조판했습니다. 조판에는 오쿠무라 하루히코 선생님의 《LATEX2ε 미문서 작성 입문》에 도움을 받았습니다. 감사의 말씀을 드립니다. 책에 실은 도표는

OmniGraffle, TikZ, TEX2img를 사용해서 작성했습니다. 감사합니다.

집필 도중 원고를 읽고 소중한 의견을 보내주신 분들과 익명의 여러 분께도 감사드립니다. 당연하지만 이 책에 오류가 있다면 모두 필자의 책임이며, 아래에 소개하는 분들께는 책임이 없습니다.

아부쿠 도모아키, 아베 테쓰야, 이가와 유스케, 이시우 테쓰야, 이나바 카즈히로, 우에하라 류헤이, 우에마츠 야키미, 오타케 히코, 오하타 료타, 오카우치 코스케, 카지타 준페이, 키무라 이와오, 코오리 마유코, 스기타 카즈마사, 스타탄, 나카야마 타쿠, 니시오 유키, 니시하라 후미아키, 후지타 히로시, 본텐 유토리, 마에하라 마사히데, 마스다 나미, 마쓰모리 요시, 미카와 후미야, 미쿠니 요스케, 무라이 켄, 모리키 타츠야, 모리미나 네지코, 야지마 하루오미, 야마다 야스키.

'수학 소녀의 비밀노트'와 '수학 소녀' 두 시리즈를 계속 편집해 주시는 SB 크리에이티브의 노자와 키미오 편집장님 감사드립니다.

'cakes'의 가토 사다아키 씨께도 감사드립니다.

집필을 응원해 주신 모든 분들께도 감사드립니다.

세상에서 가장 사랑하는 아내와 아이들에게도 감사 인사를 전합니다.

이 책을 끝까지 읽어주셔서 감사합니다.

그럼 다음 '수학 소녀의 비밀노트'에서 다시 만나요!

유키 히로시

www.hyuki.com/girl